Einstieg in die Datenanalyse mit SPSS

von

Dr. rer. nat. Marco Schuchmann, Dipl.-Math.

Vorwort

Dieses Buch dient zum Einstieg in SPSS und zeigt anhand von Beispielen, wie man verschiedene Methoden der Statistik in SPSS anwenden kann. Dabei werden auch Interpretationshilfen der SPSS-Ausgaben gegeben und es werden diverse Testverfahren mit Beispielen beschrieben. Anhand der Beispiele wird dann auch erklärt, wie man den p-Wert interpretieren kann und welche Schlüsse sich dadurch ergeben.

Im Vordergrund stehen dabei die Anwendungen von Verfahren der größtenteils schließenden und auch beschreibenden Statistik, weniger die graphischen Möglichkeiten. Es werden aber auch Diagramme erstellt und beschrieben, wie beispielsweise der Boxplot.

Die Ausgabe und die Tests werden so erklärt, dass sie auch für Sozialwissenschaftlerinne und Sozialwissenschaftler oder für Wirtschaftswissenschaftlerinne und Wirtschaftswissenschaftler verständliche sein sollen. Für diejenigen, die eine weiterführende mathematische Erläuterung möchten, wurde jeweils ein Abschnitt „Für mathematisch Interessierte" eingebaut. Hier werden dann die Größen der SPSS-Ausgabe näher untersucht und es werden auch mathematische Erklärungen gegeben. Wer diese nicht benötigt, kann die entsprechenden Passagen überspringen.

Die Ausgaben und die Erklärung der Menüführung wurden auf der Basis der Version 22 erstellt. Es werden aber auch Anmerkungen zur Verwendung von älteren Menüs gegeben.

Herstellung und Verlag:
BoD - Books on Demand, Norderstedt
ISBN 978-3-7412-0937-6

Inhaltsverzeichnis

1 DATENEINGABE IN SPSS 9

2 UNIVARIATE STATISTIKEN UND DIAGRAMME 16
    2.1 Berechnung von Kenngrößen 16
    2.2 Das Testen von Hypothesen am Beispiel des Einstichproben t-Tests 32
    2.3 Der Binomialtest 42
    2.4 Berechnung von Rangzahlen (für mathematisch interessierte) 46
    2.5 Der Vorzeichentest (für mathematisch Interessierte) 50
    2.6 Wilcoxon Vorzeichenrangtest für eine Stichprobe 54
    2.7 Kolmogorov-Smirnov-Test auf Normalverteilung 61

3 ZUSAMMENHÄNGE UNTERSUCHEN 67
    3.1 Kovarianz und Korrelation 67
    3.2 Rangkorrelation nach Spearman 75
    3.3 Kontingenztafeln und Chi-Quadrat-Test 84

4 VERGLEICH ZWEIER UNVERBUNDENER STICHPROBEN 99
    4.1 Der Zweistichproben t-Test 99
    4.2 Wilcoxon Rangsummentest 106

5 VERGLEICH ZWEIER VERBUNDENER STICHPROBEN 114
    5.1 t-Test für zwei verbundene Stichproben 114
    5.2 Der Wilcoxon Vorzeichenrangtest für zwei verbundene Stichproben 117

6 LINEARE REGRESSIONSANALYSE 120
    6.1 Erstes Beispiel zur einfachen linearen Regression 122
    6.2 Zweites Beispiel zur multiplen linearen Regression 134

7 VERGLEICH MEHRERER UNVERBUNDENER STICHPROBEN 137
   7.1   Die einfaktorielle Varianzanalyse 137
   7.2   Modellgleichung im linearen Modell für mathematisch Interessierte 145
   7.3   Bemerkung zur zweifaktoriellen Varianzanalyse 153
   7.4   Der Kruskal-Wallis Test 155

8 VERGLEICH MEHRERER VERBUNDENER STICHPROBEN 163
   8.1   Friedman Rang-Varianzanalyse 163

9 LITERATURVERZEICHNIS 172

1 Dateneingabe in SPSS

Zunächst soll gezeigt werden, wie in SPSS Daten eingeben und wie die Daten genauer deklarieren werden können. Wir beziehen uns auf den folgenden Datensatz:

Geschlecht (v1)	Wie geht es Ihnen? (v2)	Alter (v3)
1	2	20
2	3	24
2	2	
1	1	21

Wie Sie sehen können, wurde das Geschlecht kodiert, um die Eingabe zu erleichtern. Hier soll 1 für weiblich und 2 für männlich stehen. Analog wurde die Antwort auf die Frage „Wie geht es Ihnen?" kodiert. 1 steht für „sehr gut", 2 für „gut", 3 für „mittelmäßig" und 4 („schlecht") und 5 („sehr schlecht") kommen nicht vor.

Beim Alter hatte die dritte Person keine Angaben gemacht.

Nun gibt es metrisch Daten und nichtmetrisch Daten. Mit metrischen Daten können Sie rechnen (Mittelwerte bestimmen, ...). Diese wären z.B. allgemein die Körpergröße, das Körpergewicht, das Alter. Hier haben die Abstände eine feste Bedeutung. Wenn eine Person 25 und die andere 30 Jahre alt ist, dann ist eine 5 Jahre älter.

Bei nichtmetrischen Daten machen die Abstände keinen Sinn, selbst wenn man diese numerisch kodiert (wie beim Geschlecht und dem Gemütszustand oben). Hier dürfen genau genommen keine Mittelwerte berechnet werden, auch wenn dies beispielsweise bei Noten oder bei der Frage v2 oben oft macht wird.

Wir unterscheiden nochmal bei nichtmetrischen Daten zwischen ordinalem und nominalem Niveau. Beim ordinalen Niveau gibt es eine Rangfolge (einer Person, der es sehr gut geht, geht es besser, als einer der es gut geht). Trotzdem dürfte hier man genau genommen keinen Mittelwert berechnen, sondern höchstens einen Median (dieser Teilt die Stichprobe auf, ca. bzw. mind. 50% der Stichprobenwerte sind kleiner oder gleich dem Median, was wir später noch sehen werden).

Einer Person, der es gut geht, der geht es ja nicht halb so schlecht, wie einer, der es sehr gut geht. Oder wenn man die Personen mit sehr gut/gut (1/2) und mittel/schlecht (3/4) vergleicht, dann geht es denen ja nicht genau um jeweils eine Einheit schlechter. Die Werte der Zahlen bzw. die Abstände sind hier nicht definiert.

SPSS kann man das Datenniveau mitteilten. Für metrisch muss man „Skala" wählen. Nominal und ordinal können eingestellt werden. Es gibt allgemein auch eine Unterscheidung bei metrischen Daten, auf die wir aber nicht näher eingehen.

In SPSS erscheint nach dem Öffnen das lehre Datenfenster.

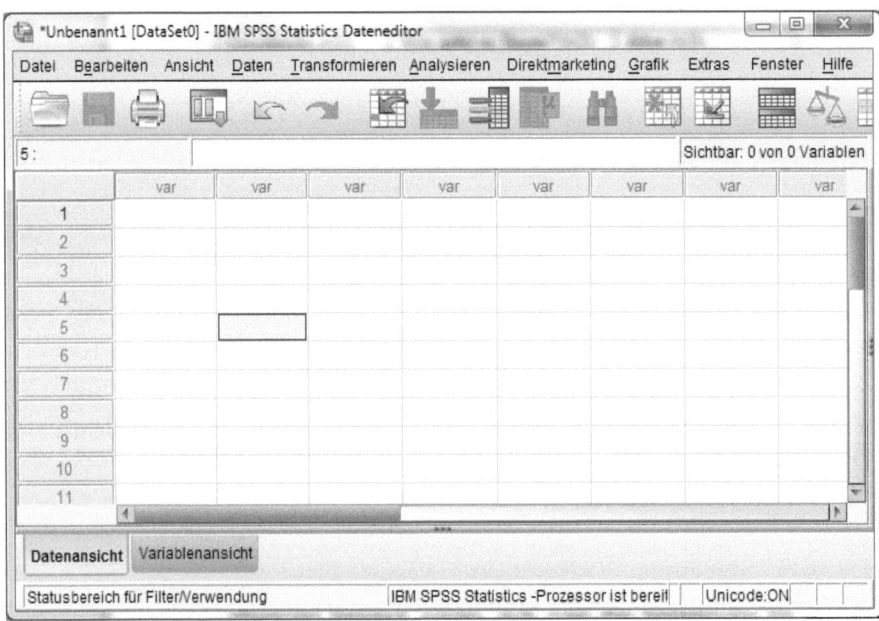

Bemerkung:
Sie werden zuvor - nach dem Starten von SPSS - gefragt, ob Sie gespeicherte Daten laden möchten oder einen neuen „Dataset" erstellen möchten. Gespeicherte Daten können Sie auch noch später, wie üblich über den Menüpunkt „Datei", öffnen. Sie können das Fenster, was sich nach dem Starten öffnet, auch einfach schließen, womit Sie zum Datenfenster gelangen.

Nun können erst mal unsere Daten eingegeben werden (man könnte auch erst die Daten deklarieren, was wir aber im Nachhinein machen).

	VAR00001	VAR00002	VAR00003	va
1	1,00	2,00	20,00	
2	2,00	3,00	24,00	
3	2,00	2,00	.	
4	1,00	1,00	21,00	
5				
6				

Der Punkt steht für einen fehlenden Wert. Klickt man doppelt auf eine Spalte (auf deren Überschrift, z.B. Frage 1), erscheint die Variablenansicht. Oder man wählt: →*Ansicht* →*Variablen*

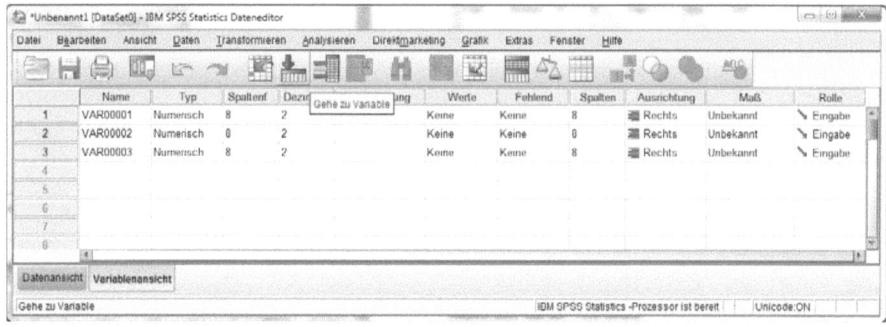

Wir ändern zunächst die Variablennamen. Hier könnten wir auch direkt „VAR00001" in „Geschlecht" ändern, wir wollen aber erst einmal kurze Bezeichnungen beibehalten und ändern „VAR00001" in „v1", „VAR00002" in „v2", ...

Die Dezimalstellen können wir alle auf 0 stellen. Bei "Beschriftung" (Variablenlabel) können wir nun die Bedeutung der Variablen festlegen. Z.B. bei v1 „Geschlecht", bei v2 „Wie geht es Ihnen?" und bei v3 „Alter" eintragen. Diese Beschriftungen erscheinen später in der Ausgabe.

Bei den Variablen v1 und v2 können wir nun auch noch die Werte erklären (Wertelabel).

Dazu klicken wir in der Zeile v1 unter Werte auf "Keine" und dann auf den Button, der dann neben "Keine" erscheint. Hier können wir zu jedem Wert eine Bedeutung eintragen.

Wert: 1, Beschriftung: „weiblich.
Danach klicken wir jeweils auf →*Hinzufügen*.

Wert: 2, Beschriftung: „männlich".

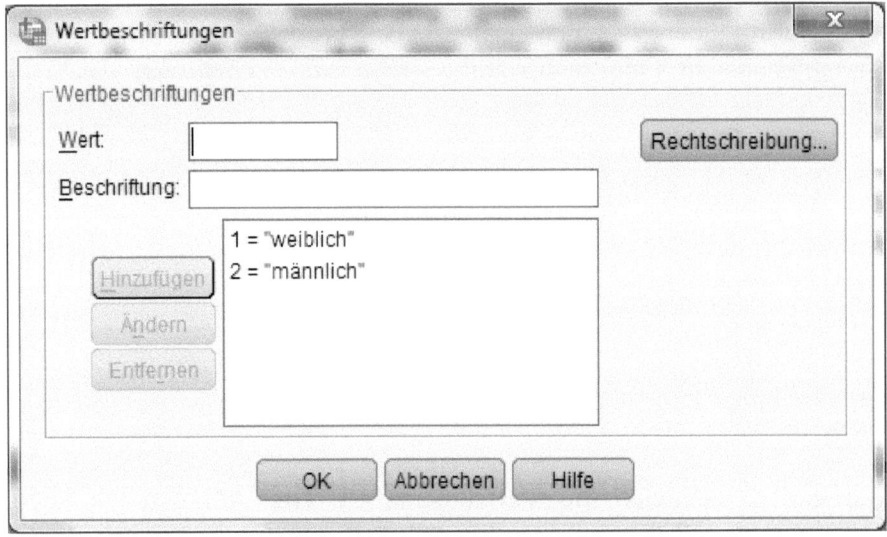

Danach muss man auf →*OK* klicken.

Analog legen wir für v2 fest, dass 1 „sehr gut" ist, … . Nun stellen wir noch das Datenniveau ein (unter Maß):

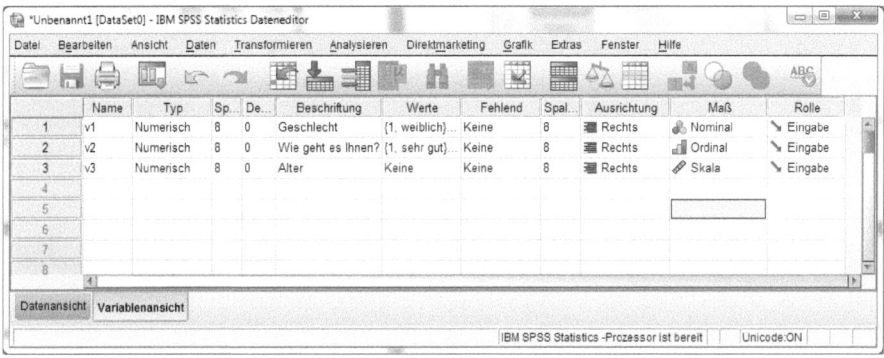

Danach kann man auf eine Zeilennummer links doppelt klicken oder man wählt: →*Ansicht* →*Daten*
Man könnte danach auch →*Ansicht* →*Wertebeschriftung* wählen und man sieht die Wertelabels:

In SPSS werden fehlende Werte durch einen Punkt gekennzeichnet. Man kann auch andere Werte als fehlende Werte deklarieren (im vorhergehenden Menü unter „Fehlend").

Nach der Dateneingabe kann man eine erste Häufigkeitstabelle erstellen, um die Daten zu prüfen. Dies wäre in unserem Fall zwar nicht nötig, aber bei großen Datenmengen sollte man dies schon mal vorab tun.

Wir wählen → *Analysieren* →*Deskriptive Statistiken* →*Häufigkeiten*:

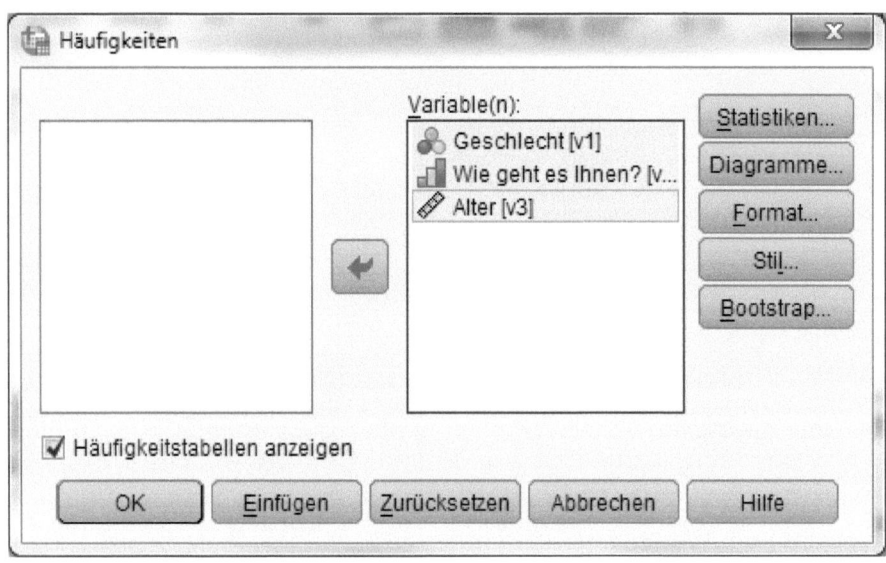

Wie man erkennen kann, werden die Fragen 1, 5 und 7 ausgewählt. Mit der Pfeiltaste in der Mitte wurden die ausgewählten Variablen auf die rechte Seite gezogen. Nach Bestätigen mit →*OK* wird die Häufigkeitstabelle in einem separaten Fenster angezeigt. Wir betrachten uns mal die Tabelle für das Alter etwas genauer an:

Alter

		Häufigkeit	Prozent	Gültige Prozent	Kumulative Prozente
Gültig	20	1	25,0	33,3	33,3
	21	1	25,0	33,3	66,7
	24	1	25,0	33,3	100,0
	Gesamtsumme	3	75,0	100,0	
Fehlend	System	1	25,0		
Gesamtsumme		4	100,0		

Wir sehen, dass eine Person 20, eine 21, ... Jahre alt war. Daneben stehen die Prozentwerte, wobei der fehlende Wert mit berücksichtigt wird. Dies ist auch interessant, denn wenn beispielsweise drei Personen "ja", eine "nein" und 96 nichts gewählt haben, dann kann man nicht einfach sagen, dass 75% "ja" gesagt haben.

In den beiden letzten Spalten sieht man dann die relativen Häufigkeiten derer, die geantwortet haben und daneben wird noch mal kumuliert. D.h. ca. 33,3% waren 20 Jahre alt, aber ca. 66,7% waren bis zu 21 Jahren alt (21 Jahre oder jünger).

Die Ergebnisse erscheinen in einem extra Fenster. Es gibt damit ein Datenfenster und ein Ausgabenfenster. In beiden Fenstern steht das Menü zur Verfügung. Man kann später separat die Daten und die Ausgabe speichern.

2 Univariate Statistiken und Diagramme

Im diesem Kapitel berechnen wir zunächst Kenngrößen einer einzelnen Stichprobe bzw. so genannte empirische Kenngrößen, wie beispielsweise den Mittelwert. Diese können, unter gewissen Voraussetzungen, als Schätzer für „theoretische" Kenngrößen einer Zufallsvariablen verwendet werden, wie beispielsweise dem Erwartungswert.

2.1 Berechnung von Kenngrößen

Gegeben sei folgende Stichprobe: 167,163,155,167,161,177,173,179. Diese Werte könnten als Körpergrößen von zufällig ausgewählten Schülern einer Schule interpretiert werden.

Die folgenden Daten werden zunächst in SPSS eingegeben.

v1
167
163
155
167
161
177
173
179

Kenngrößen können wir auch über das Menü für Häufigkeitstabellen auswählen. Wir wählen → *Analysieren* →*Deskriptive Statistiken* →*Häufigkeiten* und dort wählen wir v1 aus. Man könnte auch unter →*Deskriptive Statistiken* →*Deskriptive Statistiken* wählen, nur hier wird kein Median unter "Optionen" angeboten.

Danach klicken wir auf →*Statistiken* im selben Fenster und hier erscheint dann folgendes (wir haben schon einige Kenngrößen ausgewählt, die Sie auch wählen können):

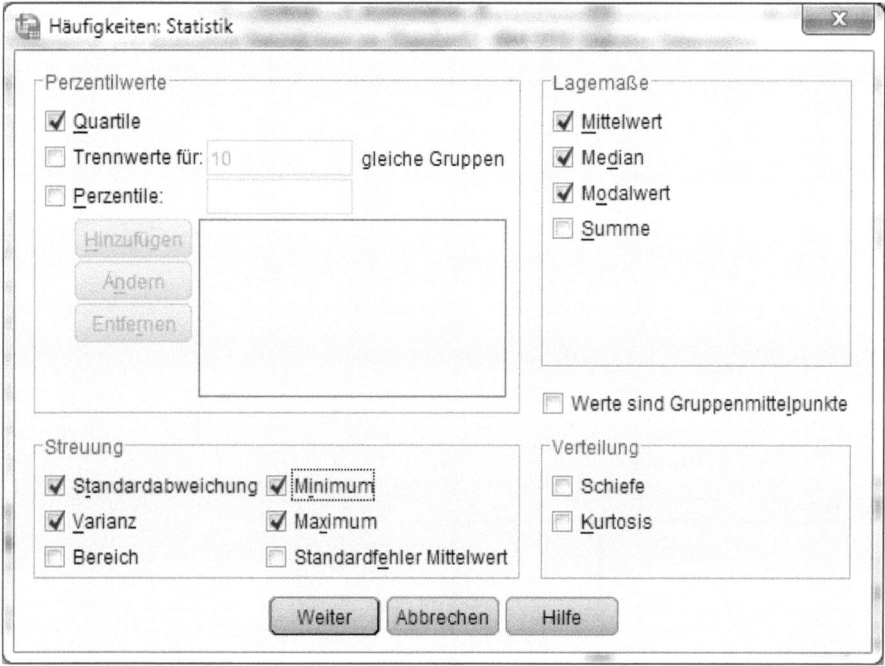

Wir klicken auf →*Weiter* und dann auf Diagramme, wo wir ein Histogramm auswählen.

Histogramme sind für metrische Werte geeignet, gerade wenn viele verschiedene Werte auftreten können, aber nicht für jede einzelne Ausprägung ein Balken, wie beim Balkendiagrammen, erscheinen soll.

Balkendiagramm eigenen sich für ordinale oder nominale Daten und Kreisdiagramm für nominale Daten, bei nicht zu vielen Ausprägungen.

Wir klicken nach der Diagrammauswahl auf →*Weiter* und dann auf →*OK*.

Statistiken

Körpergröße

N	Gültig	8
	Fehlend	0
Mittelwert		167,7500
Median		167,0000
Modalwert		167,00
Standardabweichung		8,20714
Varianz		67,357
Minimum		155,00
Maximum		179,00
Perzentile	25	161,5000
	50	167,0000
	75	176,0000

Die Ausgabe der Tabelle hätte man auch unterdrücken können (im Menü zu Tabellen den Haken bei „Tabelle anzeigen" deaktivieren).

Körpergröße

		Häufigkeit	Prozent	Gültige Prozent	Kumulative Prozente
Gültig	155,00	1	12,5	12,5	12,5
	161,00	1	12,5	12,5	25,0
	163,00	1	12,5	12,5	37,5
	167,00	2	25,0	25,0	62,5
	173,00	1	12,5	12,5	75,0
	177,00	1	12,5	12,5	87,5
	179,00	1	12,5	12,5	100,0
	Gesamtsumme	8	100,0	100,0	

Der Mittelwert liegt bei 167,75cm und der Median bei 167cm, womit ca. die bzw. mindestens die Hälfte der Personen bis zu 167cm groß waren. Der Median ist das 50% Quartil. Da Werte mehrfach vorkommen können, können auch deutlich mehr als 50% der Werte kleiner oder gleich dem (empirischen) Median sein. Im Beispiel sind 62,5% kleiner oder gleich 167cm (siehe Häufigkeitstabelle oben).

Analog gibt es das 25% Quartil, welches hier bei 161,5cm liegt, womit ca. ¼ der Personen bis zu 161,5cm groß waren (hier waren es sogar genau 25%, je nachdem wie groß die Stichprobe ist und wie viele Werte mehrfach vorkommen gibt es Abweichungen zu den %-Zahlen der Quartile).

Die untere Grafik kann mit einem Doppelklick auf selbige bearbeitet werden. D.h. man kann beispielsweise mit einem Doppelklick auf die y-Achse die Skalierung einstellen (den Bereich, der angezeigt wird, aber auch Schrittweite für die Beschriftung), was ähnlich wie in Excel geht.

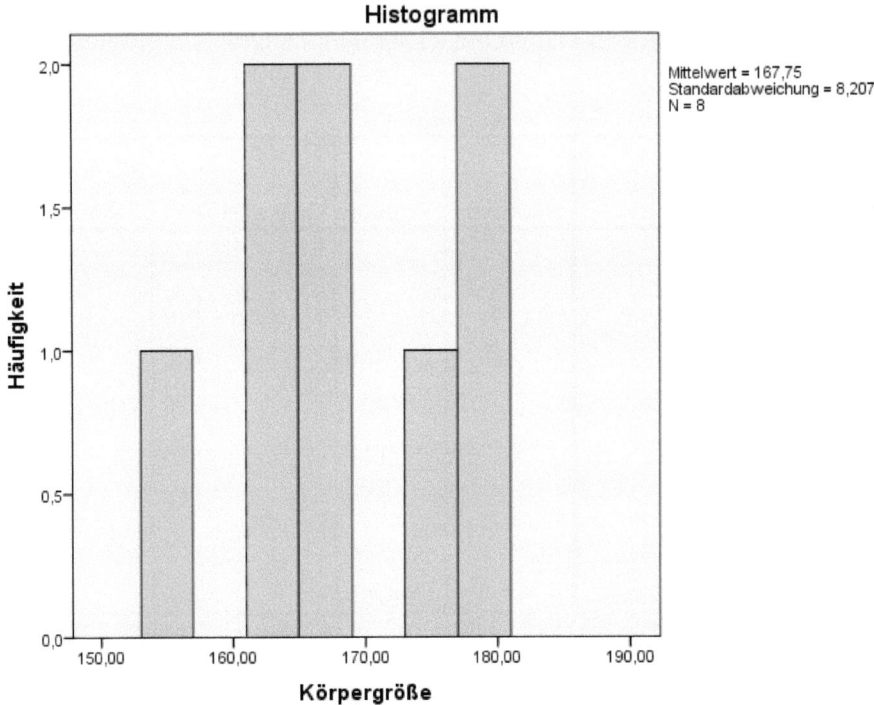

Wie man sieht, sind mehr Kenngrößen zur Beurteilung einer Stichprobe notwendig, als nur der Mittelwert. Z.B. hätten die beiden Stichproben 170, 169, 171 und 170, 150, 190 beide den selben Mittelwert, nämlich 170, aber die zweite Stichprobe hat eine deutlich größere Standardabweichung. An der Standardabweichung kann man schon mal erkennen, in wie weit der Mittelwert als Vorhersagewert für eine Beobachtung geeignet ist. Wenn der Mittelwert von Jahreseinkommen 40.000€ ist und die Standardabeichung 100€, dann liegen die Werte (Jahreseinkommen) relativ nahe beieinander, wenn diese aber 30000€ beträgt, gibt es eine beachtliche Streuung.

Nehmen wir einmal 10 Personen, 9 haben 0€ auf ihrem Konto, eine hat 1.000.000€. Im Mittel hat jeder 100.000€. Die Streuung wäre riesig. Betrachtet man hier den Median, der unempfindlich gegenüber

Ausreißern ist, dann beträgt dieser 0€. Damit weiß man, dass mindestens 50% der Personen höchstens 0€ hatten. Auch das 75% Quartil wäre 0€, womit man weiß, dass mindestens 75% der Personen 0€ hatten. Dadurch kann man schon eher eine Stichprobe beurteilen, als nur über den Mittelwert. Man könnte zur graphischen Beurteilung auch einen Boxplot oder ein Histogramm erstellen, was wir nach dem Teil für "mathematisch Interessierte" im Beispiel tun.

Für mehr mathematisch Interessierte folgt eine genauere Betrachtung der Kenngrößen:
Ganz oben ist der Stichprobenumfang zu finden, den wir im Folgenden mit n bezeichnen. Die Beobachtungen der Stichprobe werden mit x_i (i = 1, 2, …, n) bezeichnet. Die Stichprobe ist dann $x_1, x_2, …, x_n$.

Hier sind einige Kenngrößen von Stichproben zu sehen:

Das arithmetische Mittel:
$$\overline{x} = \frac{1}{n}\sum_{i=1}^{n} x_i$$

Die empirische Varianz:
$$s^2 = \frac{1}{n-1}\sum_{i=1}^{n} (x_i - \overline{x})^2$$

Die empirische Standardabweichung:
$$s = \sqrt{s^2}$$

Der kleinste und größte Stichprobenwert:
$$\min(x_i) \text{ und } \max(x_i).$$

Der empirische Median (eine Möglichkeit der Berechnung):
Hierzu wird zunächst die Stichprobe $x_1, x_2, \ldots, x_n$ geordnet in $x_{(1)}, x_{(2)}, \ldots, x_{(n)}$. Nun kann der empirische Median berechnet werden.

Falls n gerade ist gilt: $\tilde{x} = (x_{(n/2)} + x_{(n/2+1)})/2$

Falls n ungerade ist gilt: $\tilde{x} = x_{((n+1)/2)}$

Ist z.B. die Stichprobe 165, 168, 185, dann ist der Median 168 (n ist ungerade, „es gibt eine Mitte"). Wäre 168, 170, 172, 180 die Stichprobe, dann ist der Median (170+172)/2 = 171.

Weitere Kenngrößen sind der empirische Variationskoeffizient die empirische Schiefe und die empirische Wölbung (engl. skewness & kurtosis):

$$\text{Empirischer Variationskoeffizient} = \frac{s}{\bar{x}}$$

$$\text{Empirische Schiefe} = \frac{n}{(n-1)(n-2)} \frac{1}{s^3} \sum_{i=1}^{n} (x_i - \bar{x})^3$$

$$\text{Empirische Wölbung} = \frac{n(n+1)}{(n-1)(n-2)(n-3)} \frac{1}{s^4} \sum_{i=1}^{n} (x_i - \bar{x})^4$$

$$\text{Empirischer Exzess} = \text{Empirische Wölbung} - 3\frac{(n-1)^2}{(n-2)(n-3)}$$

Bei symmetrischen Verteilungen nimmt die Schiefe den Wert 0 an. Da es sich jeweils um die entsprechenden empirischen Werte, also um Schätzer der theoretischen Kenngrößen handelt, ist der Wert bei Stichproben, die aus Realisierungen von symmetrisch verteilten Zufallsvariablen bestehen, nicht automatisch gleich Null. Ist die Abweichung vom Wert 0 zu groß, so ist dies ein Hinweis darauf, dass die theoretische Verteilung nicht symmetrisch sein könnte. Die Schiefe ist - wie die Wölbung - dimensionslos. Die Wölbung einer normalverteilten Zufallsvariable hat den Wert 3, während der Exzess hier den Wert 0 annimmt.

Wir erstellen noch einen Boxplot. Dazu wählen wir: →*Diagramme* → *Alte Dialogfelder* →*Boxplot*. Bei älteren SPSS Versionen müssen Sie statt →*Diagramme* den Menüpunkt →*Grafik* wählen.

Hier können Sie →*Einfach* und *Auswertung über verschiedene Variablen* auswählen und auf →*Definieren* klicken. Wir haben zwar nur eine Variable für den Boxplot, wir müssen aber nicht mehrere auswählen. Wenn man den Punkt *Auswertung über Kategorien einer Variablen* auswählt, muss man mindestens eine Variable auswählen, die die Gruppen definiert, z.B. das Geschlecht, was wir noch gleich sehen werden.

Wählen Sie nun im Menü unter „Box entspricht" Ihre Variable Körpergröße bzw. v1 aus und dann →*OK*.

Die Grafik, die sie dann sehen, könnten Sie auch nach einem Doppelklick auf selbige bearbeiten (Achsen formatieren, …).

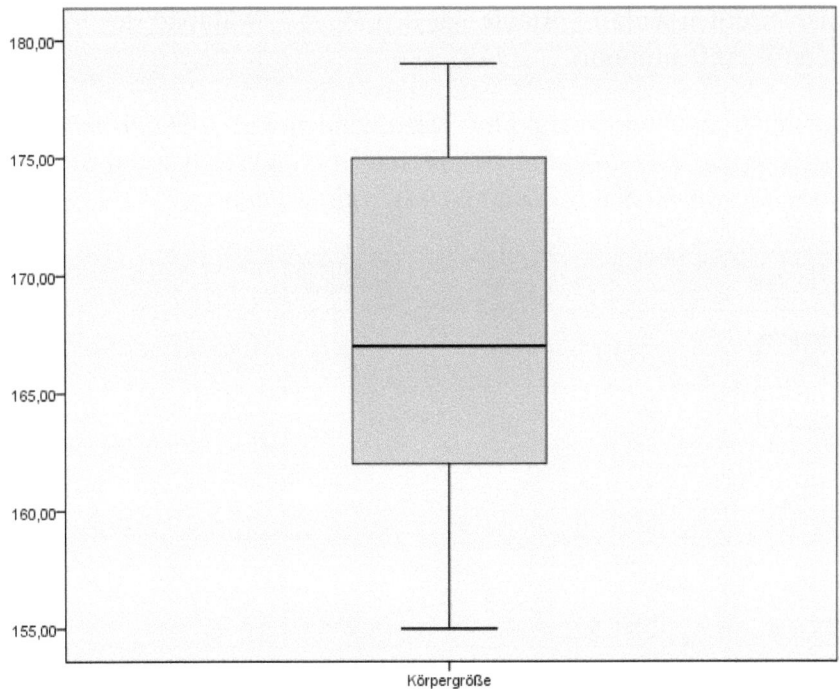

Die Box verläuft vom 25% Quartil (q25) bis zum 75% Quartil (q75). Die Box umfasst damit ca. 50% der Stichprobenwerte (die mittleren ca. 50%). Es sind keine Ausreißer vorhanden. Diese wären oberhalb oder unterhalb der Whiskers, d.h. der Linien, die oben und unten von der Box weg verlaufen und diese würden mit einem Kringel und der Nummer der Beobachtung gekennzeichnet werde. Es könnten auch extreme Werte vorhanden sein, die mit einem Stern gekennzeichnet werden.

Hier sind mehr Details dazu:
Die Länge der Whiskers wird über den Interquartilsabstand (IQR = q75-q25) berechnet, wobei dies maximal bis zum größten und minimal bis zum kleinsten Wert in einem gewissen Bereich gehen. Dieser Bereich verläuft vom oberen Boxrand (dem q75) das 1,5-fache der Boxhöhe (1,5*IQR) nach oben und vom unteren Boxrand (dem q25) das 1,5-fache der Boxhöhe nach unten. Damit können die Whiskers nach oben und nach unten auch unterschiedlich lang sein, oder es kann auch in eine Richtung keine Whiskers geben, wenn der kleinste Wert mit dem 25% Quartil zusammen

fällt oder der größte Wert mit dem 75% Quartil. Für die Bestimmung der extremen Werte wird dann der Faktor 3 statt 1,5 verwendet.

Hier sieht man nochmal schematisch einen Boxplot:

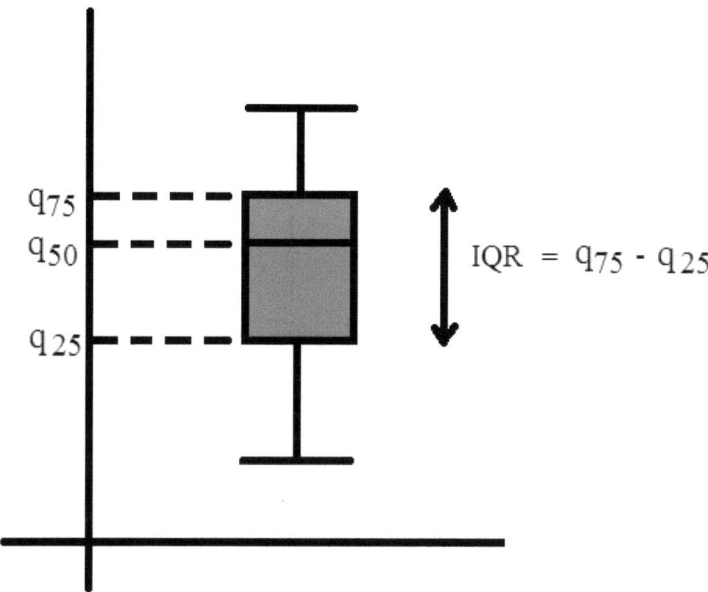

Wir erweitern nun unseren Beispieldatensatz um das Geschlecht:

v1	v2
167	m
163	w
155	w
167	w
161	w
177	w
173	m
179	m

Sie können beim Geschlecht „w" und „m" eingeben, oder „1" und „2", wobei Sie dann, wie im Kapitel 1 beschreiben, die Wertelabels mit „w" und „m" beschriften können. Nun können wir einen gruppierten Boxplot erstellen und die beiden Gruppen (m und w) vergleichen.

Dazu wählen wir: →*Grafik* →*Alte Dialogfelder* →*Boxplot*

Hier können Sie →*Einfach* (*Auswertung über Kategorien einer Variablen*) auswählen und auf →*Definieren* klicken. Wir wählen unter "Variable:" v1 bzw. Körpergröße und unter "Kategorienachse:" v2 bzw. Geschlecht aus.

Mit →*OK* erhalten Sie die Boxplots:

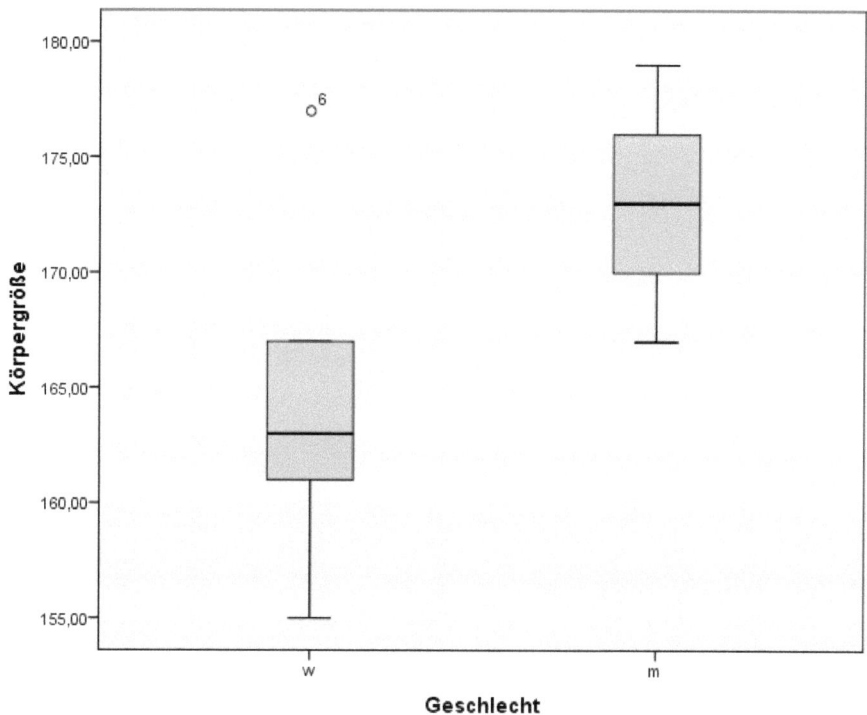

Je nachdem, wie Sie die Daten bei der Variable Geschlecht eingegeben haben, kann auch die Reihenfolge der Boxplots vertauscht sein (Eingabe von 1 und 2 für w und m, oder direkte Eingabe von w und m).

Man sieht, dass die Frauen deutlich kleiner waren, wobei es eine Frau gab (als Ausreißer gekennzeichnet), die im Vergleich zu den restlichen relativ groß war (Beobachtung Nummer 6 mit 177cm).

Wenn Sie das neue Menü zur Erstellung der Boxplots verwenden möchten, dann können Sie →*Grafik* →*Auswahl der Diagrammvorlage* wählen.

Unter "Basis" kann man auf die Körpergröße klicken (v1). Danach kann man auf „Detailliert" klicken. Unter „Visualisierungstyp" kann man beispielsweise *Histogramm* wählen oder *Boxplot* (was wir tun).

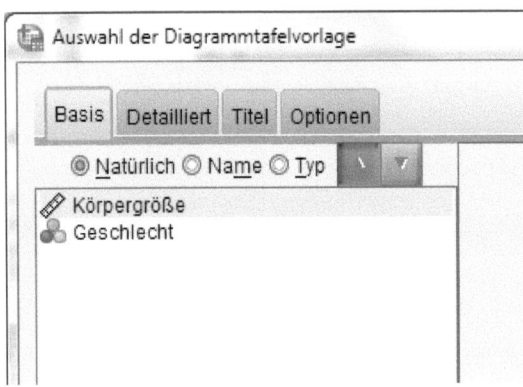

Hier muss man dann neben „X:" das Geschlecht (v2) auswählen, damit für jedes Geschlecht ein separater Boxplot erstellt wird und neben „Y:" die Körpergröße (v1). Danach könnte man noch unter „Titel" etwas eintragen. Wir wählen OK, womit wir die Ausgabe erhalten (die zwei Boxplots nebeneinander, wie wir sie mit dem alten Menü erhalten haben).

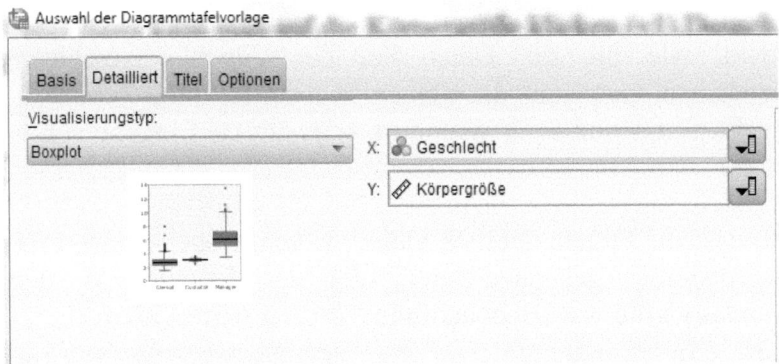

Nun wollen wir noch die Zahlenwerte hierzu genauer sehen. Wir wählen: →*Analysieren* →*Mittelwerte vergleichen* →*Mittelwerte*.

Unter „Abhängige Variablen" wählen wir die Körpergröße und unter „Unabhängigen Variablen" das Geschlecht.

Danach wählen wir noch unter →*Optionen* den Median und das Minimum und das Maximum aus. Danach →*Weiter* und →*OK*.

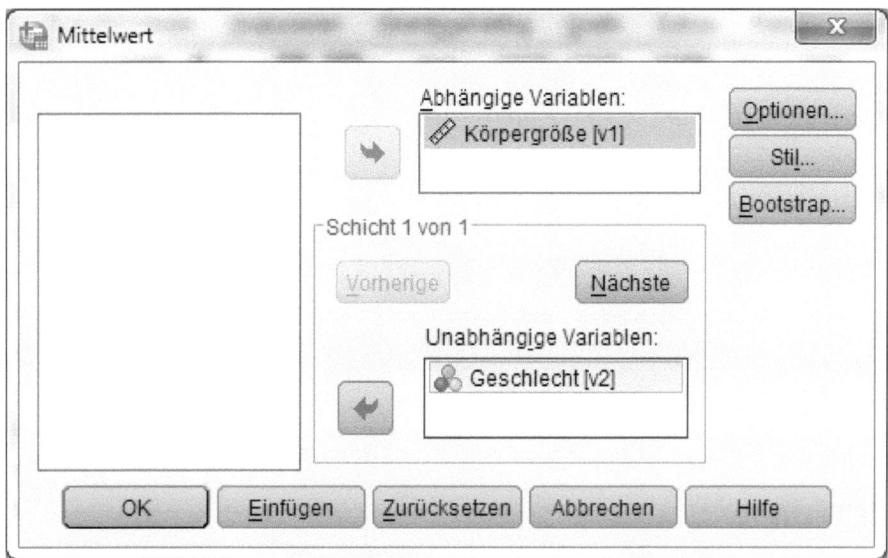

Bericht

Körpergröße

Geschlecht	Mittelwert	H	Standardabw.	Median	Minimum	Maximum
w	164,60	5	8,17313	163,00	155,00	177,00
m	173,00	3	6,00000	173,00	167,00	179,00
Gesamtsumme	167,75	8	8,20714	167,00	155,00	179,00

Man sieht, dass die empirische Standardabweichung bei den Frauen etwas größer ist (da die Frau mit 177cm relativ weit vom Mittelwert entfernt ist). Nun kann man direkt einen Vergleich der Mittelwerte und der Median sehen. Es werden auch die Werte der Gesamtstichprobe (unten) dargestellt.

Über das Menü zu Häufigkeitstabellen wurde abschließend noch ein Kreisdiagramm für das Geschlecht erstellt:

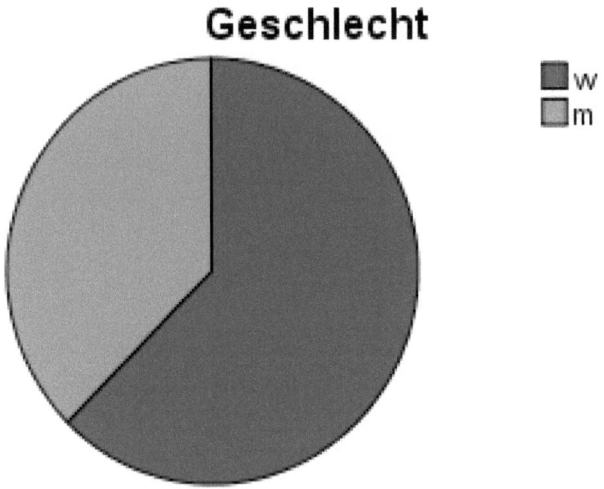

Bemerkung:
Man kann in SPSS auch Teile der Stichprobe zur Auswertung auswählen. Der Rest bleibt dann unberücksichtigt. Dazu kann man →*Daten* →*Fälle auswählen* →*Falls,* bei *Falls Bedingung zutrifft,* auswählen und hier dann z.B. v2 = 1 eintragen:

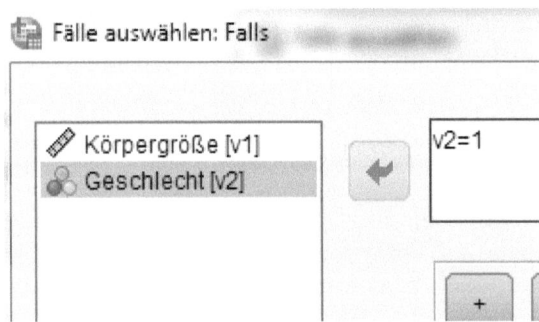

Danach müsste man →*Weiter* und →*OK* wählen. Wenn ich dies in einer Übung als Aufgabe gebe, sind regelmäßig einige Personen verwundert, denn es würde nichts passieren. Ab jetzt wird jede Auswertung, die man macht, nur für v1 = 1, also nur für die Frauen durchgeführt. Wenn Sie dies ausprobieren, müssten Sie jetzt z.B. Kenngrößen berechnen oder eine Tabelle erstellen lassen, dann erst könnten Sie die Auswirkungen sehen.

Sie sehen dann die Daten wie folgt:

	v1	v2	filter_$
~~1~~	167,00	m	Not Selected
2	163,00	w	Selected
3	155,00	w	Selected
4	167,00	w	Selected
5	161,00	w	Selected
6	177,00	w	Selected
~~7~~	173,00	m	Not Selected
~~8~~	179,00	m	Not Selected
9			
10			

Danach müssen Sie noch mit →*Daten* →*Fälle auswählen* → *Alle Fälle* wieder alle Fälle aktivieren, wenn Sie wieder eine Auswertung für die gesamte Stichprobe machen möchten. SPSS erzeugt nach einer Auswahl eine neue Variable, wie man oben sehen kann. Falls Sie das Geschlecht nicht kodiert (mit z.B. 1 für ‚w' und 2 für ‚m') erfasst haben, sondern direkt ‚m' und ‚w' eingegeben haben, dann müssten Sie bei der Auswahl statt v1 = 1 schreiben: v1 = „w".

Sie könnten aber auch die Stichprobe aufteilen und für jeden Teil eine separate Auswertung durchführen lassen *(→Daten →Datei aufteilen*, Gruppen Vergleichen auswählen und z.B. das Geschlecht).

2.2 Das Testen von Hypothesen am Beispiel des Einstichproben t-Tests

Statistische Tests dienen dem Testen von Vermutungen, so genannten Hypothesen, über Eigenschaften der Gesamtheit aller Daten („Grundgesamtheit" oder „Population"), aus denen man eine Stichprobe entnommen hat. Diesen Bereich der Statistik zählt man zur schließenden Statistik (Inferenz-Statistik, induktive Statistik), da man von einer Stichprobe auf die Grundgesamtheit, das heißt auf die unbekannten Parameter oder die unbekannte theoretische Verteilung schließt. Man unterscheidet:
-Hypothesen über die unbekannten Parameter eines bekannten Verteilungstyps (parametrische Tests).
-Hypothesen über das Symmetriezentrum der Verteilung bei unbekanntem Verteilungstyp (nichtparametrische Tests),
-Hypothesen über die Art einer Verteilung (Anpassungstests)
-Hypothesen über die Abhängigkeit von Zufallsvariablen (Unabhängigkeittests).

Bei einem statistischen Test geht man von einer so genannten Nullhypothese „H_0" aus. Die Alternativhypothese nennt man „H_A" oder „H_1". Ziel ist es anhand statistischer Schlussweisen die Nullhypothese zu widerlegen und damit die Alternative statistisch nachzuweisen. Man berechnet dazu mit Hilfe einer Stichprobe eine Prüfgröße oder Teststatistik z (diese wird später auch mit t, t^+, … bezeichnet, in der Rubrik für mathematisch Interessierte). Diese ist Realisierung einer Zufallsvariablen Z, deren theoretische Verteilung (z.B. Normalverteilung, t-Verteilung, usw.) man kennt, <u>unter der Voraussetzung, dass die Nullhypothese richtig ist</u> (kurz: „unter H_0"). Wenn in diesem und den nächsten Kapiteln die Verteilung der Zufallsvariablen, deren Realisierung die Prüfgröße ist, spezifiziert wird, dann ist immer die Verteilung unter H_0 gemeint! Mit dem über die Stichprobe berechneten konkreten Wert z wird dann eine Entscheidung zugunsten von H_0 oder von H_1 getroffen. Wenn die

Prüfgröße z extreme, d.h. eigentlich der Nullhypothese widersprechende Werte annimmt, dann wird die Nullhypothese verworfen. Die Wahrscheinlichkeit dafür, dass solche extreme der Nullhypothese widersprechenden Werte auftreten, kann man berechnen, da man die Verteilung unter der Nullhypothese kennt. Dies ist dann der maximale Fehler, den man beim Verwerfen einer richtigen Nullhypothese macht.

Statistische Tests gibt es als einseitige oder zweiseitige Tests. Bei einem einseitigen Test zum Niveau α, wobei $0 < \alpha < 1$, zerfällt der Wertebereich von Z in zwei Teilbereiche. In einen dieser Teilbereiche fällt z bei Gültigkeit der Hypothese H_0 mit einer Wahrscheinlichkeit von 1-α, in den anderen Bereich, der auch kritischer Bereich oder Ablehnungsbereich genannt wird, fällt z mit einer Wahrscheinlichkeit α. Die von uns vor Beginn des Tests zu treffende Wahl von α ist abhängig von den Konsequenzen einer möglichen Fehlentscheidung. Meist wählt man $\alpha = 0{,}05 = 5\%$ oder $\alpha = 0{,}01 = 1\%$.

Tests muss man immer dann durchführen, wenn man die Ergebnisse verallgemeinern möchte. Wenn z.B. in einer Gruppe von 10 Schülerinnen herauskommt, dass diese pro Woche im Durchschnitt 2 Stunden für Englisch lernen, dann heißt das noch nicht, dass dies für alle Schülerinnen einer Schule oder für alle in einem Bundesland gilt.

Der Mittelwert x ist und ein Schätzer für den theoretisch unbekannten Erwartungswert (locker gesagt der „Mittelwert der Grundgesamtheit"). Wird zu Beispiel in einem Journal behauptet, dass die Schülerinnen im Mittel eine Stunde Englisch lernen, dann müsste man einen Test durchführen um dies zu „wiederlegen".

Die Hypothesen wären dann:

H_0: $\mu = 180$ gegen H_1: $\mu \neq 180$.

Nun kann man einen maximalen Fehler wählen, denn man bei eine Entscheidung für H_1 machen möchte, z.B. $\alpha = 5\%$. SPSS rechnet nun einen p-Wert aus und wenn dieser kleiner oder gleich dem α ist, kann man H_0 wählen (und macht dabei maximal einen Fehler von 5%). Wenn der p-Wert größer ist als α, bleibt man bei H_0. H_0 wurde aber dann nicht beweisen (wobei man allgemein zu 100% hier nichts beweisen kann). Man kennt den Fehler 2. Art nicht, den man macht, wenn man sich für H_0 entscheidet.

Also wird die Nullhypothese verworfen, wenn gilt: p-Wert $\leq \alpha$.

Dies gilt für jeden Test. Der p-Wert ist das kleinste α, mit dem man H_0 gerade noch so verwerfen könnte.

Bemerkung:
SPSS testet in der Regel die zweiseitigen Hypothesen

H_0: $\mu = 175$ gegen H_1: $\mu \neq 175$.

Wenn man einseitig testen wollte, z.B.

H_0: $\mu \leq 175$ gegen H_1: $\mu > 175$

oder

H_0: $\mu \geq 175$ gegen H_1: $\mu < 175$,

dann könnte man beim t-Test den p-Wert halbieren und muss aber auf den Mittelwert achten (bei H_1 $\mu < 180$ muss dann auch der Mittelwert kleiner als 180 sein, wenn man mit dem halben p-Wert zum Verwerfen von H_0 kommt).

Achtung: Ein „sauberes" Vorgehen verlangt, dass man vor der Interpretation des zweiseitigen p-Wertes sich für einen einseitigen oder zweiseitigen t-Test entscheidet. Hat man zuerst einen zweiseitigen t-Test durchgeführt und sich nach der Interpretation des p-Wertes bereits für eine Hypothese entschieden, so sollte man sich erst einen neuen Datensatz besorgen, mit dem man dann zusätzlich den einseitigen t-Test durchführt.

Wenn man einen Test mit SPSS durchführt, muss man somit nur die Vorrausetzungen für den Test (z.B. das Datenniveau oder ob die Daten - wie beim t-Test - normalverteilt sein müssen) kennen und die Hypothesen. Danach kann man anhand des p-Wertes und dem vorher festgelegten Signifikanzniveau (α) entscheiden, ob man H_0 zugunsten H_1 verwerfen kann (wenn der p-Wert $\leq \alpha$ ist) oder ob man H_0 beibehalten muss (wenn der p-Wert $> \alpha$ ist). Wenn man zum Verwerfen kommt, dann hat man beispielsweise im Falle des zweiseitigen t-Tests einen signifikanten Unterschied nachgewiesen. Man entscheidet sich dann für H_1 und macht maximal einen Fehler von α. Wenn man nicht zum Verwerfen kommt und H_0 beibehält, hat man H_0 nicht nachgewiesen (wobei man i.a. beim Testen mit 100% Wahrscheinlichkeit nichts nachweisen kann), denn man kennt den Fehler nicht, den man macht, wenn man sich für H_0 entscheidet. Dies wäre der Fehler 2. Art, der bei praktischen Tests unbekannt ist (d.h. bei den Hypothesen, die wir in SPSS testen; mit H_0: $\mu = 175$ gegen H_1: $\mu = 180$ könnte man den Fehler 2. Art, den β-Fehler, berechnen).

Dies ist dann wiederum ein Problem bei Anpassungstest, d.h. wenn man mit H_0 arbeiten möchte, beispielsweise beim Kolmogorov-Smirnov-Test (mit den Hypothesen: H_0: Daten sind normalverteilt, H_1: Daten sind nicht normalverteilt). Kann man H_0 nicht verwerfen, dann kann man nicht sagen, wie sicher die Aussage ist, dass die Daten normalverteilt sind. Wir kennen in praktischen Tests nur den Fehler, den wir machen, wenn wir uns für H_1 entscheiden. Dieser wird uns über den p-Wert „mitgeteilt".

In SPSS wird der p-Wert immer mit „Sig." bezeichnet.

Kommen wir nun zu unserem Beispiel. Hier möchten wir die folgenden Hypothesen testen:

$H_0: \mu = 175$

gegen

$H_1: \mu \neq 175$

Hier könnte folgendes zugrunde liegen: Es wird behauptet, die Körpergröße von Menschen in einem geographischen Gebiet würde durchschnittlich 175cm betragen. Man möchte dies überprüfen und misst die Körpergröße von 8 Personen. Hier sei bemerkt, dass man genau genommen die Körpergrößen nach Männern und Frauen getrennt betrachten müsste (da diese i.a. zwei verschiedene Erwartungswerte bei der Körpergröße besitzen und die Gesamtstichprobe dann nicht mehr normalverteilt wäre).

In unserem Beispiel verwenden wir wieder die folgenden Daten:

v1	v2
167	m
163	w
155	w
167	w
161	w
177	w
173	m
179	m

Voraussetzung für den t-Test ist nicht nur ein metrisches Datenniveau, sondern auch die Normalverteilung der Daten. Diese "prüfen" wir im Kapitel 2.7.

Wählen Sie →*Analysieren* →*Mittelwerte vergleichen* →*T-Test bei einer Stichprobe*. Hier müssen Sie die Körpergröße als Testvariable auswählen und den hypothetischen Wert 175 eingeben:

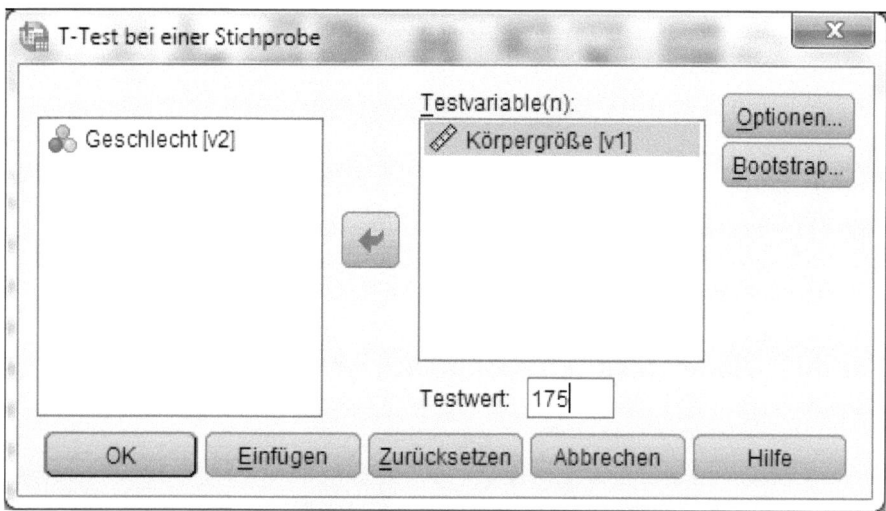

Mit OK erhalten wir das Ergebnis:

Statistik bei einer Stichprobe

	H	Mittelwert	Standardabweichung	Standardfehler Mittelwert
Körpergröße	8	167,7500	8,20714	2,90166

Test bei einer Stichprobe

	Testwert = 175					
					95% Konfidenzintervall der Differenz	
	t	df	Sig. (2-seitig)	Mittelwertdiff.	Unterer	Oberer
Körpergröße	-2,499	7	,041	-7,25000	-14,1113	-,3887

Den p-Wert finden Sie unter „Sig.", er beträgt 0,041 (er ist natürlich auf drei Stellen gerundet, wie auch in anderen Beispielen in diesem Buch). Wenn wir ein Signifikanzniveau von $\alpha = 5\% = 0,05$ wählen, dann gilt

p-Wert = $0,041 \leq \alpha = 0,05$.

Damit kann H_0 verworfen werden und der Erwartungswert ist signifikant von 175 verschieden (es wurde ein signifikanter Unterschied nachgewiesen).

Für die mathematisch Interessierten:
Es gilt:

$$\overline{x} = \frac{1}{n}\sum_{i=1}^{n} x_i = 167,75$$

$$s = \sqrt{\frac{1}{n-1}\sum_{i=1}^{n}(x_i - \overline{x})^2} \approx 8,20714$$

$$\mu_0 = 175$$

$$t = \sqrt{n}\,\frac{\overline{x} - \mu_0}{s} \approx -2,49857$$

$$p - \text{Wert} = 2(1 - F_{t_{n-1}}(|t|)) \approx 0,041078$$

Aufgrund des p-Wertes von 0,041.. ($\leq 0,05 = \alpha$) kann die Nullhypothese (H_0: $\mu = 175$) zugunsten der Alternativen (H_1: $\mu \neq 175$) verworfen werden, wenn man ein Signifikanzniveau von 5%

verwendet. Man kann nun sagen, dass der Erwartungswert µ sich signifikant vom Wert 175 unterscheidet. Dabei nehmen wir maximal einen Fehler von 5% in Kauf. Der p-Wert ist somit auch eine Untergrenze für das Signifikanzniveau, ab dem man noch die Nullhypothese verwerfen kann. Wie wir bereits beschrieben haben, verlangt aber ein „sauberes Vorgehen" zuerst die Wahl des Signifikanzniveaus, bevor der p-Wert betrachtet wird.

Wir wollen die Lage der Prüfgröße bezüglich des kritischen Bereichs zusammen mit der Dichtefunktion der t-Verteilung (mit n - 1 = 7 Freiheitsgraden) in einer Grafik darstellen. Dazu berechnen wir das 0,025-Quantil (da α = 0,05).

Es gilt

$$z_1 = F^{-1}_{t_{n-1}}(\alpha/2) \approx -2{,}44691$$

und somit ist $z_2 \approx 2{,}44691$.

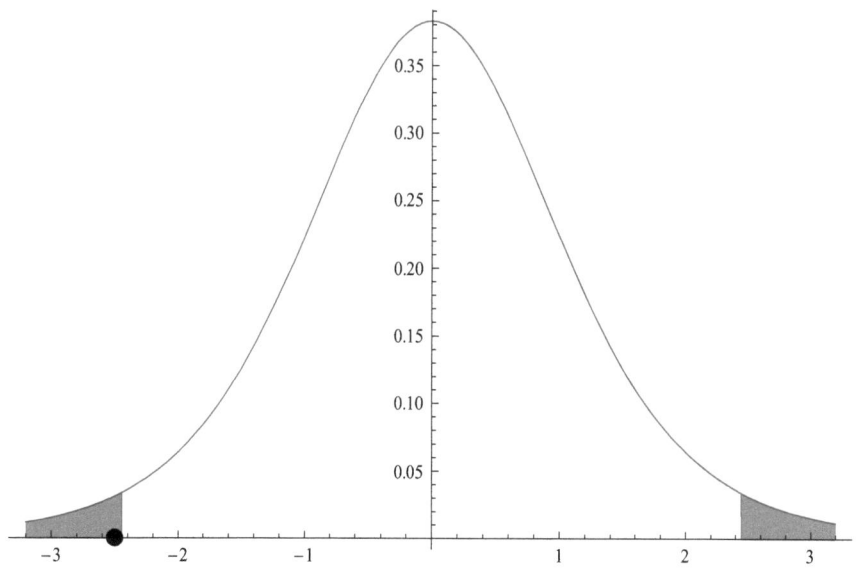

Wie zu sehen ist, liegt die Prüfgröße (als Punkt auf der x-Achse dargestellt) mit einem Wert von ≈-2,49857 im kritischen Bereich, womit die Nullhypothese (wie bereits beschrieben) verworfen werden kann. Der p-Wert ist hier mit 0,0410 kleiner als unser übliches Signifikanzniveau α = 0,05 (= 5%). Somit ist der Erwartungswert signifikant vom Wert 175 verschieden.

Eine Kurze Zusammenfassung zum Thema „Tests":
Wie in diesem Kapitel gezeigt wurde, genügt es bei den Tests, die man mit Statistiksystemen durchführen kann
1) Die Voraussetzungen des Testes zu Kennen, damit die bei der Berechnung des p-Wertes zu Grunde gelegte Verteilung richtig ist.
2) Die Nullhypothese und Alternativhypothese des Testes zu kennen.

Danach wählt man ein Signifikanzniveau α und vergleicht dieses mit dem p-Wert. Ist der p-Wert kleiner oder gleich α, so kann die Nullhypothese (H_0) zugunsten der Alternativhypothese (H_1) verworfen werden. Der p-Wert ist somit das kleinste Signifikanzniveau, mit dem man H_0 gerade noch verwerfen könnte. Es ist dabei zu beachten, dass das System den p-Wert auf 4 Nachkommastellen rundet. Damit kann auch, falls eine Null als p-Wert ausgegeben wird, nicht gleichzeitig auf jedem Signifikanzniveau α die Nullhypothese verworfen werden, allerdings auf jedem gängigen Signifikanzniveau (z.B. 10%, 5% oder 1%).

Einen Test führt man durch, wenn man die Aussagen, die man mit den empirischen Kenngrößen machen kann, nicht nur auf die Stichprobe beziehen und diese somit verallgemeinern möchte. Die Stichprobenkenngrößen sind immer noch vom Zufall abhängig. Nehmen wir mal an, man möchte eine Aussage über die wöchentliche Lernzeit von Studierenden einer Fachrichtung machen und es wird allgemein behauptet, dass diese pro Woche 6 Stunden lernen. Bei einer Umfrage unter 20 Studierenden ergaben sich 8 Stunden. Nun könnte man einen Test durchführen (H_0: $\mu = 6$ gegen H_1: $\mu \neq 6$ oder einseitig mit H_1: $\mu > 6$). Theoretisch ist es nämlich immer noch möglich, dass $\mu = 6$ gilt, denn bei einer Stichprobe kann es auch deutliche Abweichungen geben. Je größer natürlich die Stichrobe ist, umso geringer ist die Wahrscheinlichkeit für größere Abweichungen der empirischen von der theoretischen Kenngröße.

Man sagt auch in der Statistik, dass der Mittelwert (der empirische Erwartungswert) nur ein Schätzer für den theoretischen Erartungswert ist (der im Falle des Mittelwertes eine gute Wahl ist, denn dieser hat - unter gewissen Voraussetzungen - gute statistische Eigenschaften, wie die Erwartungstreue und die Konsistenz).

2.3 Der Binomialtest

Wir haben folgende Stichprobe vorliegen:

1
2
1
2
2
2
1
2
2
2

Weiblich wurde mit 1 und männlich mit 2 kodiert.

Es wurde behauptet, der Frauenanteil läge bei 50%. Wir führen einen Test durch:

H_0: p = 0,5
gegen
H_1: p ≠ 0,5.

Wir wählen:
→*Analysieren* →*Nichtparametrisch Tests* → *Alte Dialogfelder* → *Binomial*

Als Testvariable muss v1 (Geschlecht) ausgewählt werden und als Testanteil 0,5. Damit erhalten wir nach dem Klicken auf → *OK*:

Test auf Binomialverteilung

		Kategorie	H	Beobachteter Anteil	Testanteil	Exakte Sig. (2-seitig)
Geschlecht	Gruppe 1	w	3	,30	,50	,344
	Gruppe 2	m	7	,70		
	Gesamts.		10	1,00		

Den p-Wert finden Sie wieder unter „Sig.", er beträgt 0,344. Wenn wir ein Signifikanzniveau von $\alpha = 5\% = 0,05$ wählen, dann gilt

p-Wert $= 0,344 > \alpha = 0,05$.

Damit kann H_0 nicht verworfen werden und man kann keine signifikante Abweichung zu den 50% nachweisen. D.h. der Stichprobenanteil ist noch nicht soweit vom theoretischen Wert entfernt, dass dies zu einer Signifikanz ausreicht. Damit ist aber nicht gezeigt worden, dass es 50% sind, man kann nur nicht nachweisen, dass es keine 50% sind (mit einer Fehlerwahrscheinlichkeit 1. Art von höchstens 5%). Wir kennen nur den prozentualen Fehler, wenn wir uns für H_1 entscheiden, aber nicht den, wenn wir H_0 nicht verwerfen können.

Sie hätten auch →*Analysieren* →*Nichtparametrisch Tests* → *Eine Stichprobe* wählen können.

Unter der Rubrik "Einstellungen" müssen Sie dann „Test anpassen" und hier „Beobachtete und theoretische Binärwahrscheinlichkeit vergleichen" wählen. Bei Optionen kann die theoretische Wahrscheinlichkeit (hypothetischer Anteil) eingestellt werden, der aber schon auf 0,5 voreingestellt ist (wie in unserem Beispiel). Danach müssen Sie auf →*Ausführen* klicken. Hier erhalten Sie sogar eine Entscheidungshilfe („H0 beibehalten").

Für mathematisch Interessierte:

H_0: $p = p_0$
gegen
H_1: $p \neq p_0$

H_0 wird verworfen, wenn k „zu klein oder groß" ist, womit der kritische Bereich auf beiden Seiten liegt, deshalb der Ausdruck zweiseitiger Test. Dazu könnte in der Tabelle der Binomialverteilung mit den entsprechenden n und $p = p_0$ das größte k_o und das kleinste k_u abgelesen werden, für welche

$$P(X \leq k_o) \leq \alpha/2 \text{ und } P(X \geq k_u) \leq \alpha/2$$

gelten. Der kritische Bereich ist dann

$$K = \{0, 1, ..., k_o\} \cup \{k_u, ..., n\}.$$

Also muss entsprechend wie bei zwei einseitigen Fällen vorgegangen werden, nur mit dem halbem Wert von α. Da somit die Nullhypothese verworfen werden kann, wenn

$$2 \cdot P(X \leq k) \leq \alpha \text{ oder } 2 \cdot (1 - P(X \leq k-1)) \leq \alpha$$

gilt, ist der zweiseitige p-Wert gegeben durch:

$$\text{p-Wert} = \min \{2 \cdot P(X \leq k), 2 \cdot (1 - P(X \leq k-1)), 1\}$$

In der obigen Menge ist auch die 1 enthalten, denn falls $k = E(X) = n \cdot p$ ganzzahlig ist, ist $P(X \leq k) > 0{,}5$ und $P(X \geq k) > 0{,}5$!

Im Beispiel ist $n = 10$, $k = 3$ und $p_0 = 0{,}5$. Damit ist $2 \cdot P(X \leq k) \approx 0{,}34375$ der p-Wert.

Bemerkung: Für np(1-p) > 9 kann auch ein approximative p-Werte berechnet werden. Da

$$z = \frac{k - E(X)}{\sqrt{Var(X)}} = \frac{k - np}{\sqrt{np(1-p)}} \quad \text{mit } p = p_0$$

(unter H_0) asymptotisch standardnormalverteilt ist, werden als (approximative) p-Werte $2(1-F_{N(0,1)}(|z|))$, $F_{N(0,1)}(z)$ und $1-F_{N(0,1)}(z)$ ausgegeben, wobei eine Stetigkeitskorrektur verwendet wird.

2.4 Berechnung von Rangzahlen (für mathematisch interessierte)

Bei vielen nichtparametrischen Verfahren spielen die so genannten Rangzahlen eine wesentliche Rolle, denn über diese werden hier die Prüfgrößen berechnet. Dies steht im Gegensatz zu den parametrischen Verfahren, bei denen die Prüfgrößen über die eigentlichen Beobachtungen berechnet werden und die oft vorausgesetzten, dass die Daten aus einer normalverteilten Grundgesamtheit stammen. Bei einigen nichtparametrischen Verfahren, bei denen die Prüfgrößen über die Rangzahlen berechnet werden, muss das Datenniveau nur einer Ordinalskala genüge. Allerdings können bei zu geringem Datenniveau viele Werte mehrfach vorkommen, was problematisch sein könnte.

Die zugrunde liegenden Daten werden bei der Rangzahlenvergabe durch eine monotone Transformation auf die Rangzahlen und somit auf die rationalen Zahlen abgebildet. Die Information über die Abstände der originalen Werte gehen dabei verloren. Ist das zugrunde liegende Datenniveau metrisch, so stellt dies natürlich einen Informationsverlust dar, der aber in Bezug auf die Effizienz des Verfahrens in vielen Fällen unerheblich ist. Es folgen die Daten:

v1
150
155
140
156
140
156
180
156
150

Hier wurden die Rangzahlen berechnet:

i	sortierte Stichprobe (y_i)	Rang(y_i)
1	140	1.5 = (1+2)/2
2	140	1.5 = (1+2)/2
3	150	3.5 = (3+4)/2
4	150	3.5 = (3+4)/2
5	155	5
6	156	7 = (6+7+8)/3
7	156	7 = (6+7+8)/3
8	156	7 = (6+7+8)/3
9	180	9

Bei der Vergabe der Rangzahlen wird so vorgegangen, dass der kleinsten Beobachtung der Rang 1, der nächst größeren der Rang 2, ... zugewiesen wird. Kommen Beobachtungen doppelt vor (so genannte Bindungen), so wird diesen das arithmetische Mittel der entsprechenden Rangzahlen zugewiesen. In unserem Beispiel ist der kleinste Wert 140. Es kommen zwei Beobachtungen mit diesem Wert vor. Man müsste eigentlich für diese beiden kleinsten Beobachtungen die Ränge 1 und 2 vergeben. Da diese aber doppelt vorkommen, erhalten beide Beobachtungen den Rang 1,5, also den Mittelwert aus den Rängen 1 und 2.

Würden oben keine Bindungen vorkommen, dann würden alle Rangzahlen der Beobachtungen mit den Nummern der Beobachtung in der sortierten Stichprobe übereinstimmen. Also wenn y_i die Werte der sortierten Stichprobe sind, dann würde Rang(y_i) = i gelten.

Dadurch, dass wir die Rangzahlen derart definiert haben, gilt

$$\sum_{i=1}^{n} \text{Rang}(x_i) = \frac{n(n+1)}{2}$$

und somit ergibt sich der Mittelwert der Rangzahlen:

$$\bar{r} = \frac{n+1}{2}$$

Bei einigen nichtparametrischen Testverfahren ändert sich u.a. die Varianz der Prüfgröße, wenn Bindungen vorkommen. Für deren Berechnung müssen deshalb zweifach, dreifach, ... vorkommende Werte berücksichtigt werden. Aus diesem Grund benötigen wir noch eine Folge $(t_i)_{i=1,2,...k}$ der absoluten Häufigkeiten. Um diese zu bestimmen wurde die Tabelle der absoluten Häufigkeiten in unserem Beispiel bestimmt:

Beobachtung (Ausprägungen)	absolute Häufigkeit
140	2
150	2
155	1
156	3
180	1

In welcher Reihenfolge die absoluten Häufigkeiten in einer Folge festgelegt werden, ist im Prinzip egal. Wir definieren nun diese Folge für unser Beispiel über die Häufigkeiten, die nach den Größen der zugehörigen Ausprägungen aufsteigend sortiert wurden (wie in obiger Tabelle):

Ausprägung	absolute Häufigkeit
140	$t_1 = 2$
150	$t_2 = 2$
155	$t_3 = 1$
156	$t_4 = 3$
180	$t_5 = 1$

Damit ist k = 5, da nur 5 Ausprägungen vorkommen. Das Wort Ausprägung haben wir oben für die vorkommenden Werte der Variable bzw. Spalte v1 verwendet, d.h. die voneinander verschiedenen Beobachtungen. Kommen keine Bindungen vor, dann ist k = n. Ansonsten ist k genau die Anzahl der verschiedenen Werte, bzw. der Anzahl der Ausprägungen.

2.5 Der Vorzeichentest (für mathematisch Interessierte)

Mit dem Vorzeichentest können Hypothesen bzgl. des Median getestet werden. Es genügt mindestens ordinales Niveau (wobei nicht ein großer Teil der Stichprobenwerte gleich dem Median sein sollte). Dieser Test kann in SPSS für zwei verbundene Stichproben durchgeführt werden, wie auch der Vorzeichenrangtest von Wilcoxon, wobei hier die Differenz aus den Stichproben gebildet wird (was automatisch im Hintergrund geschieht), so dass der Einstichprobentest angewendet werden kann.

Nun können wir die folgenden Hypothesen testen:

H_0: Median = $Median_0$
gegen
H_1: Median ≠ $Median_0$

Wir verwenden in diesem und im nächsten Kapitel die folgenden Daten: An einer Schule wurden Schülerinnen befragt, wie lang sie pro Woche in Stunden für Mathe lernen (das Beispiel ist, wie alle Beispiele hier, fiktiv). Es wird allgemein behauptet, dass diese 2h pro Woche hierfür lernen.

v1
1
2
5
5
4
3
2
5

Es wird vermutet, dass mit der Angabe der 2h Lernzeit pro Woche für Mathe etwas nicht stimmt, weshalb folgende Hypothesen getestet werden:

H_0: Median = 2
gegen
H_1: Median ≠ 2

Kommen wir nun zur Beschreibung des Tests. Wir bestimmten die transformierte Stichprobe $y_i = x_i - \text{Median}_0 = x_i - 2$:

-1, 0, 3, 3, 2, 1, 0, 3

Die Zufallsvariablen Y_i (deren Realisierungen die y_i sind) hätten unter H_0 den Median 0. Aus der transformierten Stichprobe werden nun alle Nullen entfernt:

-1, 3, 3, 2, 1, 3

Unser (neuer) Stichprobenumfang ist nun n = 6. Eine Beobachtung ist negativ und k = 5 sind positiv. Unter H_0 ist die Anzahl k der positiven Werte y_i eine Realisierung einer mit den Parametern n und p = ½ (= $P(Y_i > 0)$) binomialverteilten Zufallsvariablen K, da bei einer stetigen Zufallsvariablen die Wahrscheinlichkeit 50% beträgt, dass diese einen Wert größer dem Median annimmt. Bei einer stetigen Zufallsvariablen Y ist $P(Y = 0) = 0$.

H_0 kann verworfen werden, wenn

$$P_{B(n,1/2)}(X \leq k) \leq \alpha/2 \text{ oder}$$
$$P_{B(n,1/2)}(X \geq k) = 1 - P_{B(n,1/2)}(X \leq k-1) \leq \alpha/2.$$

Oben ist zu beachten, dass bei einer diskreten Verteilung, wie hier der Binomialverteilung, $P(X = k)$ größer als Null ist für wenn k = 0, 1, …, n ist. Aus diesem Grund ist

$$P(X < k) = P(X \leq k - 1)$$

ist, was oben verwendet wurde.

Somit kann die Nullhypothese verworfen werden, wenn

$$2 \cdot P_{B(n,1/2)}(X \leq k) \leq \alpha \text{ oder } 2 \cdot (1 - P_{B(n,1/2)}(X \leq k-1)) \leq \alpha \, .$$

Somit ergibt sich der zweiseitige p-Wert:

p-Wert = min $\{2 \cdot P_{B(n,1/2)}(X \leq k), \, 2 \cdot (1 - P_{B(n,1/2)}(X \leq k-1)), \, 1\}$

Im Beispiel gilt:

p-Wert = min $\{2 \cdot P_{B(6,1/2)}(X \leq 5), \, 2 \cdot (1 - P_{B(5,1/2)}(X \leq 4)), \, 1\}$
= 0,21875

Die Nullhypothese kann also beispielsweise auf einem Signifikanzniveau von 5% nicht verworfen werden (0,21875 > 0,05). Damit weicht der Median nicht signifikant vom Wert 2 ab. Man könnte natürlich auch einseitige Hypothesen testen.

Für „H_0: Median ≥ Median$_0$" gegen „H_1: Median < Median$_0$" wird H_0 verworfen, wenn k „zu klein ist", also wenn

$$\text{p-Wert} = P_{B(n,1/2)}(X \leq k) \leq \alpha.$$

Im Beispiel gilt:

$$\text{p-Wert} = P_{B(6,1/2)}(X \leq 5) = 0{,}984375 > 0{,}05$$

Für „H$_0$: Median ≤ Median$_0$" gegen „H$_1$: Median > Median$_0$" wird H$_0$ verworfen, wenn k „zu groß ist", also wenn

$$\text{p-Wert} = 1 - P_{B(n,1/2)}(X \leq k-1) \leq \alpha.$$

Im Beispiel gilt:

$$\text{p-Wert} = 1 - P_{B(6,1/2)}(X \leq 4) = 0{,}109375 > 0{,}05$$

Somit könnten in den beiden einseitigen Tests die Nullhypothesen ebenfalls nicht auf einem Signifikanzniveau von 5% verworfen werden.

Bemerkung: Für n ≥ 200 und np(1-p) > 9 kann ein approximativer p-Werte verwendet werden.

$$z = \frac{k - E(X)}{\sqrt{\text{Var}(X)}} = \frac{k - np}{\sqrt{np(1-p)}} \text{ mit } p = \tfrac{1}{2}$$

ist (unter H$_0$) asymptotisch standardnormalverteilt ist, werden als (approximative) p-Werte $2(1-F_{N(0,1)}(|z|))$, $F_{N(0,1)}(z)$ und $1-F_{N(0,1)}(z)$ ausgegeben, wobei eine Stetigkeitskorrektur verwendet wird.

2.6 Wilcoxon Vorzeichenrangtest für eine Stichprobe

Hier haben wir dieselben Hypothesen vorliegen, wie beim Vorzeichentest:

H_0: Median = Median$_0$

gegen

H_1: Median $\neq$ Median$_0$

getestet werden.

Wie im vorhergehenden Kapitel testen wir die Hypothesen

H_0: Median = 2

gegen

H_1: Median $\neq$ 2

und verwenden dabei die Daten aus dem vorangegangenen Kapitel.

Wir wählen in SPSS →*Analysieren* → *nicht parametrische Tests* → *Eine Stichprobe*.

Ziel: Beobachtet und hypothetische Daten automatisch vergleichen
Felder: Nur Variablen auswählen, für die der Test durchgeführt werden soll.
Einstellung: "Test anpassen" wählen und dann "Median und hypothetische Werte vergleichen":
Hypothetischer Median: Median$_0$ eingeben (hier 2)

Die Ausgabe erhalten wir mit →*Ausführen*.

Es ergibt sich ein p-Wert von 0,056 und wir kommen auf einem Signifikanzniveau von 5% nicht zum Verwerfen! Damit können wir nicht zeigen, dass mit der behaupteten Lernzeit von 2h eventuell etwas nicht stimmt.

Hypothesentestübersicht

	Nullhypothese	Test	Sig.	Entscheidung
1	Der Median von Lernzeit pro Woche in h ist gleich 2,000.	Wilcoxon-Vorzeichenrangtest bei einer Stichprobe	,056	Nullhypothese beibehalten

Asymptotische Signifikanz wird angezeigt. Das Signifikanzniveau ist 0,05

Für mathematisch Interessierte:
Bei diesen Test wird, wie beim vorangegangenem Vorzeichentest, wieder von jeder Beobachtung der hypothetische Median (Median$_0$) subtrahiert $y_i = x_i - Median_0 = x_i - 2$:

-1, 0, 3, 3, 2, 1, 0, 3

Dadurch hätten die Zufallsvariablen Y_i unter H_0 den Median 0. Aus dieser transformierten Stichprobe werden alle Nullen entfernt:

-1, 3, 3, 2, 1, 3

Danach werden Rangzahlen für die $|y_i|$ vergeben (siehe Kapitel 2.4):

1,5, 5, 5, 3, 1,5, 5

Die Prüfgröße t^+ berechnet sich nun wie folgt: Es wird die Summe über die Rangzahlen gebildet, die zu positiven Werten y_i gehören.

$$t^+ = \sum_{\{i|y_i>0\}} \text{rang}(|y_i|) = 5 + 5 + 3 + 1{,}5 + 5 = 19{,}5$$

Im Beispiel ist $t^+ = 5 + 5 + 3 + 1{,}5 + 5 = 19{,}5$. Mit dieser Prüfgröße können wir jetzt den p-Wert berechnen und den Test durchführen. Da in unserem Fall Bindungen vorkommen, wollen wir den p-Wert und die Prüfgröße t^+ unter Berücksichtigung dieser Bindungen berechnen.

Es gilt (wie immer unter H_0):

$$E(T^+) = n(n+1)/4$$

$$\text{Var}(T^+) = \frac{n(n+1)(2n+1) - 1/2 \cdot \sum_{j=1}^{k} t_j(t_j-1)(t_j+1)}{24}$$

Würden keine Bindungen auftreten, dann ergibt sich

$$\text{Var}(T^+) = n(n+1)(2n+1)/24 \,.$$

Die Werte t_j sind die absoluten Häufigkeiten der Wert $|y_i|$ (siehe Kapitel 2.4). In diesem Beispiel kommt die 1 doppelt, die 2 einfach und die 3 dreifach vor bei den Werten von $|y_i|$. Somit ist $k = 3$, $t_1 = 2$, $t_2 = 1$ und $t_3 = 3$. Im Beispiel gilt also:

$$\sum_{j=1}^{k} t_j(t_j-1)(t_j+1) = 30\,.$$

Im Prinzip müssten hier nur die absoluten Häufigkeiten größer als 1 berücksichtigt werden, da für $t_j = 1$ der j-te Summand oben gleich Null ist.

Im Beispiel ist damit $E(T^+) = 10{,}5$ und $Var(T^+) = 22{,}125$.

Ausgegeben wird der approximative p-Wert, der erst für n > 20 verwendet werden sollt. Dieser wird wie folgt berechnet:

$$\text{p-Wert} = 2(1 - P_{N(0,1)}(|z|)) \text{ mit } z = \frac{t^+ - E(T^+)}{Var(T^+)}$$

Im Beispiel gilt: p-Wert $\approx 0{,}0557$.

Wie anhand des approximativen p-Werts zu sehen ist, könnte auf einem Signifikanzniveau von 5% die Nullhypothese nicht verworfen werden und demnach kein signifikanter Unterschied des Medians vom Wert 2 nachgewiesen werden.

Für den exakten Test müssten alle theoretisch möglichen Werte der Prüfgröße berücksichtigt werden, d.h. es müssen aus den Rangzahlen

1,5, 5, 5, 3, 1,5, 5

alle möglichen Werte für t^+ berechnet werden. Theoretisch gilt: Es könnte kein Wert y_i positiv sein, dann wäre $t^+ = 0$, es könnte ein Wert positiv sein, dann könnte t^+ jeden einzelnen Rangwert annehmen, ... Dadurch könnte man die exakte Verteilung berechnen und müsste $2^6 = 64$ Summen berücksichtigen.

Wir wollen mal die exakte Verteilung für n = 6 bestimmen. Es gilt

$$T^+ = \sum_{i=1}^{6} B_i \cdot i,$$

wobei B_i unabhängige $B(1,1/2)$-verteilte Zufallsvariablen sind, denn unter H_0 tritt jede der n Rangzahlen mit einer Wahrscheinlichkeit von ½ in der Summe für T^+ auf. Der Grund ist: Wenn der Median der Y_i gleich 0 wäre, dann gilt $P(Y_i > 0) = ½$, wie beim Vorzeichentest.

t^+	$P(T^+ = t^+)$	$P(T^+ \leq t^+)$
0	0,015625	0,015625
1	0,015625	0,03125
2	0,015625	0,046875
3	0,03125	0,078125
4	0,03125	0,109375
5	0,046875	0,15625
6	0,0625	0,21875
7	0,0625	0,28125
8	0,0625	0,34375
9	0,078125	0,421875
10	0,078125	0,5
11	0,078125	0,578125
12	0,078125	0,65625
13	0,0625	0,71875
14	0,0625	0,78125
15	0,0625	0,84375
16	0,046875	0,890625
17	0,03125	0,921875
18	0,03125	0,953125
19	0,015625	0,96875
20	0,015625	0,984375
21	0,015625	1

Hier würde gelten: $P(T^+ \geq 19{,}5) = 0{,}015625 + 0{,}015625 = 0{,}03125$.

Damit ergibt sich der zweiseitige: p-Wert = 2·0,03125 = 0,0625. Man könnte somit H_0 ebenfalls nicht verwerfen (mit $\alpha = 0{,}05$). Tabellen mit Werten für die Grenzen der kritischen Bereiche findet man u.a. in [3], [8] oder [9], falls keine Bindungen vorhanden sind (wobei sich die Verteilung für n > 10 bei Bindungen nicht wesentlich ändert ([3])).

In unserem Fall (mit Bindungen) ergibt sich die im Folgenden tabellierte exakte Verteilung:

t^+	$P(T^+ = t^+)$	$P(T^+ \leq t^+)$
0	0,015625	0,015625
1,5	0,03125	0,046875
3	0,03125	0,078125
4,5	0,03125	0,109375
5	0,046875	0,15625
6	0,015625	0,171875
6,5	0,09375	0,265625
8	0,09375	0,359375
9,5	0,09375	0,453125
10	0,046875	0,5
11	0,046875	0,546875
11,5	0,09375	0,640625
13	0,09375	0,734375
14,5	0,09375	0,828125
15	0,015625	0,84375
16	0,046875	0,890625
16,5	0,03125	0,921875
18	0,03125	0,953125
19,5	0,03125	0,984375
21	0,015625	1

Mit dieser Verteilung, würde gelten:

$$P(T^+ \geq 19{,}5) = 0{,}03125 + 0{,}015625 = 0{,}046875$$
$$\text{p-Wert} = 2 \cdot 0{,}046875 = 0{,}09375$$

Bemerkungen zur Berechnung des p-Wertes mit der exakten Verteilung:

Der p-Wert berechnet sich wie beim Binomialtest

$$\text{p-Wert} = \min\{2\cdot P(T^+ \leq t^+),\, 2\cdot P(T^+ \geq t^+),\, 1\}$$

nur dass hier nicht, wie bei der Binomialverteilung $P(X \geq k) = 1 - P(X \leq k-1)$ gilt, denn es kommen nicht nur ganzzahlige Werte von T^+ vor. Hier gilt, wie allgemein für diskrete Verteilungen $P(T^+ \geq t^+) = 1 - P(T^+ < t^+)$. Im Beispiel mit obiger Tabelle gilt $P(T^+ \geq 19{,}5) = 1 - P(T^+ \leq 18) = 0{,}046875$ (oder man bildet die Summe wie oben). Da $P(T^+ \leq 19{,}5) = 0{,}984375$ größer ist, gilt hier: p-Wert = $2 \cdot P(T^+ \geq 19{,}5) = 0{,}09375$.

2.7 Kolmogorov-Smirnov-Test auf Normalverteilung

Der Kolmogorov-Smirnov-Test ist einer der klassischen Tests zum Überprüfen von Verteilungsvoraussetzungen. Der Test vergleicht die Abweichungen der empirischen Verteilungsfunktion mit der theoretischen Verteilungsfunktion, d.h. in unserem Fall der Normalverteilungsfunktion.

Getestet wird:
H_0: Die Daten stammen aus einer normalverteilten Grundgesamtheit
gegen
H_1: Die Daten stammen aus keiner normalverteilten Grundgesamtheit

bzw.

H_0: Die Zufallsvariablen X_i haben die Verteilungsfunktion F_0
gegen
H_1: Die Zufallsvariablen X_i haben nicht die Verteilungsfunktion F_0

F_0 ist in unserem Fall die Verteilungsfunktion der $N(\bar{x}, s^2)$-Verteilung. Es folgt ein Beispiel:

v1
167
163
155
167
161
177
173
179

Wir wählen in SPSS →*Analysieren* →*Nichtparametrische Tests* →*Alte Dialogfelder* →*K-S bei einer Stichprobe*.

Hier wurde nun die Variable ausgewählt und danach kann man →*OK* wählen. Voreingestellt ist die Normalverteilung. Man kann bei den nichtparametischen Tests auch die Option Exact wählen, womit die Tests exakt suchgeführt werden.

Man kann auch →*Analysieren* → *nicht parametrische Tests* → *Eine Stichprobe*. Wählen. Danach muss man auf die Leiste Einstellung gehen und hier: Test *anpassen wählen* und dann Beobachtete und hypothetische Verteilung testen (Kolmogorov-Smirnov-Test). Unter "Optionen" ist die Normalverteilung als hypothetische Verteilung voreingestellt.

Wir sehen die Ausgabe von SPSS:

Kolmogorov-Smirnov-Test bei einer Stichprobe

		Körpergröße
H		8
Parameter der Normalverteilung[a,b]	Mittelwert	167,7500
	Standardabweichung	8,20714
Extremste Differenzen	Absolut	,161
	Positiv	,161
	Negativ	-,120
Teststatistik		,161
Asymp. Sig. (2-seitig)		,200[c,d]

a. Die Testverteilung ist normal.

b. Aus Daten berechnet.

c. Signifikanzkorrektur nach Lilliefors.

d. Dies ist eine Untergrenze der tatsächlichen Signifikanz.

Der p-Wert wird hier mit maximal 20% ausgegeben (auch wenn er theoretisch höher berechnet wurde). Wir können H_0 nicht verwerfen und damit nichts gegen die Normalverteilung sagen. Das Problem ist nur, dass man den Fehler 2. Art nicht kennt, den Fehler, den man bei der Wahl von H_0 macht. Das ist aber ein generelles Manko von Anpassungstest. Wenn der p-Wert aber sehr groß ist, das spricht erst man nichts gegen die Nullhypothese.

Für mathematisch Interessierte:

Wir sehen eine Tabelle mit den Funktionswerten der empirischen und der theoretisch angenommenen (unter H_0 angenommenen) Verteilungsfunktion. Da die empirische Verteilungsfunktion eine Sprungfunktion ist, gibt es zwei mögliche Differenzen (eine davon für den Grenzfall, siehe Erklärung unten).

Beobachtung	Funktionswert empirische Verteilungsfunktion	Funktionswert Verteilungsfunktion Normalverteilung [1]	Betrag Differenz 1	Betrag Differenz 2
155	0.125	0.060149	0.064851	0.060149
161	0.25	0.205409	0.044591	0.080409
163	0.375	0.281374	0.093626	0.031374
167	0.625	0.463594	**0.161406**	0.088594
173	0.75	0.738812	0.011188	0.113812
177	0.875	0.870143	0.004857	**0.120143**
179	1	0.914775	0.085225	0.039775

[1] N(167.75, 67.357143)-Verteilung

Maximale Abweichung: 0.161406
Prüfgröße zum K-S-Test: 0.456525
asymptotischer p-Wert (zweiseitig): 0.98525

Die empirische Verteilungsfunktion der Stichprobe $x_1, x_2, \ldots, x_n$ ist definiert über die kumulierten relativen Häufigkeiten:

$F_{emp}(x) = |\{x_i \mid x_i \leq x\}|/n$

Da die empirische Verteilungsfunktion eine Treppenfunktion ist (siehe Grafik am Ende des Kapitels), gibt es an jeder Stelle $x = x_i$ zwei mögliche Differenzen, die zu berücksichtigen sind, wenn wie im Folgenden das Supremum von $|F_{emp}(x) - F_0(x)|$ gesucht wird.

Es gilt
$$k = \sup |F_{emp}(x) - F_0(x)|$$
$$= \max\left(\{|F_{emp}(x_i) - F_0(x_i)| \,|\, i = 1,2,...,n\}\right.$$
$$\left.\cup \{|F_{emp}(x_{i-1}) - F_0(x_i)| \,|\, i = 2,3,...,n\} \cup \{F_0(x_0)\}\right)$$

mit $F_0 = F_{N(\bar{x},s^2)}$.

Die Prüfgröße ist definiert durch

$$w = \sqrt{n} \cdot k \;.$$

Die oben berechnete Prüfgröße w ist Realisierung einer Zufallsvariablen W, die (wie immer unter H_0) eine spezielle Verteilung besitzt. Diese Verteilung kann durch folgende Funktion approximiert werden:

$$F(x) = \begin{cases} \sum_{j=-\infty}^{\infty} (-1)^j \cdot e^{-2j^2 x^2} & \text{für } x > 0 \\ 0 & \text{sonst} \end{cases}$$

F ist die asymptotische Verteilung von W, unter der Voraussetzung, dass die beim Test verwendete Verteilungsfunktion F_0 keine unbekannten Parameter enthält die durch geschätzte Parameter ersetzt wurden.

Im Beispiel ist $d \approx 0{,}16140$, $w \approx 0{,}456525$.

Für $n \leq 40$ können auch kritische Werte für k als Prüfgröße z.B. im Buch [3] gefunden werden, falls F_0 mit allen Parametern bekannt ist. Werden diese kritischen Werte bei einer Verteilung F_0 mit geschätzten

Parametern verwendet (wie in unserem Fall), dann ist der Test „konservativ", d.h. dass damit H_0 seltener abgelehnt wird als man eigentlich mit exaktem p-Wert ablehnen würde.

Der approximative p-Wert = $1 - F(w) \approx 0,98525 > 0,20$, womit die Nullhypothese nicht verworfen werden kann. Hier sollte man ein großes Signifikanzniveau verwenden, z.B. $\alpha = 20\%$, falls man auf der Basis der Normalverteilung weitere Tests durchführen möchte. Denn es handelt sich hierbei um einen Anpassungstest, man würde gerne H_0 zeigen. Da man aber den Fehler 2. Art nicht kennt (d.h. den Fehler, dass man H_0 nicht verwirft, obwohl H_0 falsch ist), ist hier ein großes Signifikanzniveau angebracht. Denn wenn man trotz eines großen Fehlers α, den man in Kauf nehmen würde, die Nullhypothese nicht verwerfen kann, dann spricht dies nicht gegen diese.

Es folgt noch eine Grafik, die F_{emp} und F_0 in unserem Beispiel zeigt. F_{emp} ist die Treppenfunktion, wobei die senkrecht eingezeichneten Linien nicht mit zur Funktion gehören.

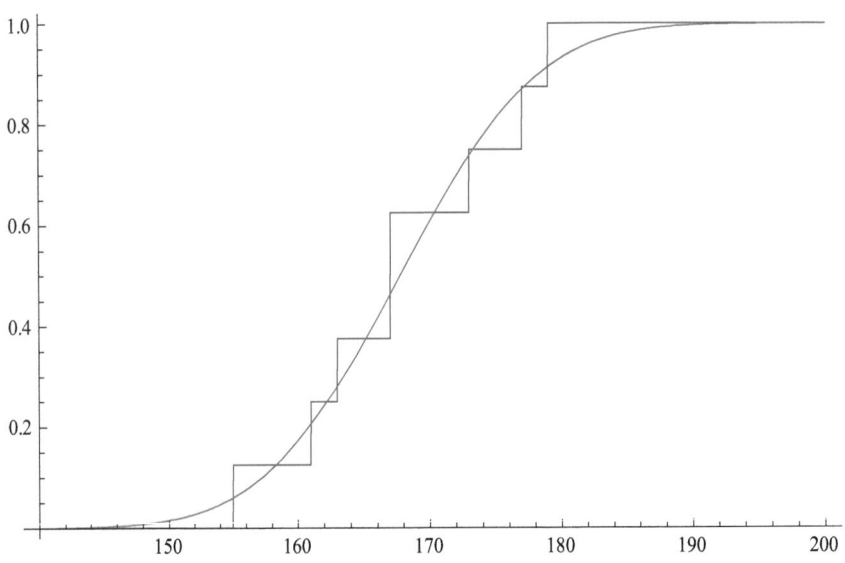

3 Zusammenhänge untersuchen

3.1 Kovarianz und Korrelation

Wir kommen nun zu den bivariaten statistischen Kenngrößen. Die Bezeichnung „bivariat" bezieht sich auf die Verwendung von zwei und „multivariat" allgemein auf die Verwendung von mehreren Variablen. Wir wollen empirische Maßzahlen berechnen, die uns einen Hinweis darauf geben, in wie weit zwei Variablen korrelieren, das heißt, ob es einen linearen Zusammenhang zwischen ihnen gibt. Entsprechend der Varianz einer einzelnen Variablen als Maß für ihre Streuung, gibt es die Kovarianz zwischen zwei Variablen, mit der man eine Aussage darüber machen kann, wie stark die Abhängigkeit der beiden Variablen ist. Bei normalverteilten Daten gilt nämlich, dass bei verschwindender (theoretischer, nicht empirischer bzw. geschätzter) Kovarianz auf die Unabhängigkeit der Variablen geschlossen werden kann. Den Betrag der Kovarianz kann man allerdings schlecht interpretieren, da dieser noch von der Streuung der beiden Variablen abhängt. In diesem Fall verwendet man den Korrelationskoeffizienten. Man kann sagen, dass bei einer positiven theoretischen Kovarianz ein positiver Zusammenhang zwischen den beiden Variablen in dem Sinn besteht, dass mit dem Anstieg der Werte der einen Variable, auch ein Anstieg der Werte der anderen Variablen „zu erwarten" ist (hier ist dann der Steigungsparameter der Regressionsgerade - die den linearen Zusammenhang beschreibt - positiv). Analoges gilt für eine negative theoretische Kovarianz.

Da wir immer nur die empirische Kovarianz bzw. später den empirischen Korrelationskoeffizient aus den Daten erhalten, sollte man eine vermutete Korrelation mit einem Test absichern. Aussagen anhand empirischer Größen werden umso sicherer, je größer der Stichprobenumfang ist (was allgemein für erwartungstreue und konsistente Schätzer von theoretischen Kenngrößen gilt). Ansonsten kann man im Rahmen der schließenden Statistik einen Test auf Korrelation durchführen, wie wir ihn gleich in einem Beispiel durchführen werden.

Der theoretische Korrelationskoeffizient (den bezeichnen wir mit dem griechischen Buchstabe ρ, dem griechischen r) und der empirische Korrelationskoeffizient (den wir mit r bezeichnen) können Werte von -1 bis 1 annehmen. Wenn dieser z.B. den Wert 1 hätte, dann hätte man eine 100%ige positive Korrelation. Die Wertepaare würden auf einer steigenden Geraden liegen:

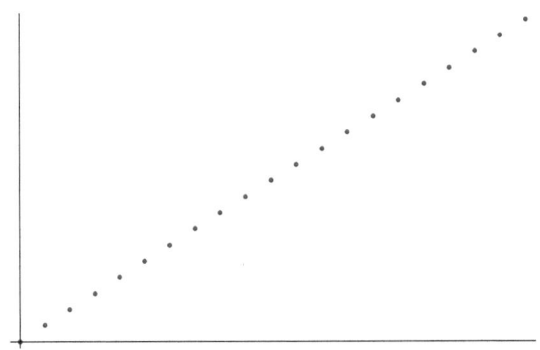

Bei ρ = -1 würde eine 100%ige negative Korrelation vorliegen.

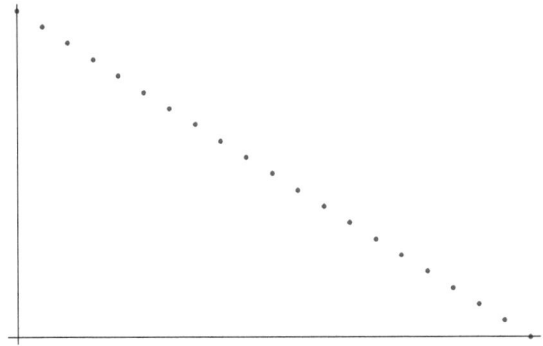

Die Wertepaare würden auf einer fallenden Gerade liegen, wie oben zu sehen ist. Wenn der Korrelationskoeffizienten ρ = 0 wäre, dann können alle Wertepaare auf einer Geraden mit Steigung 0 liegen. Hier wären die beiden Variablen unkorreliert. Allgemein streuen dann die Wertepaare zufällig um eine Gerade mit Steigung 0, d.h. hier hätte die theoretische Regressionsgerade die Steigung 0.

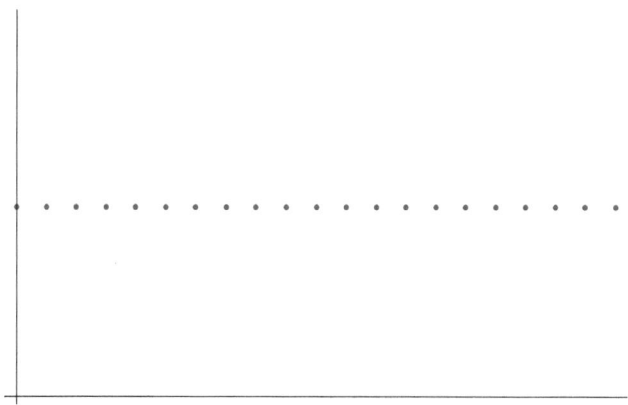

Wir führen gleich einen Test in SPSS bezüglich der Korrelation durch. Bei dem folgenden Test müssen die Daten normalverteilt sein.

Die Hypothesen wären:
H_0: ρ = 0 gegen
H_1: ρ ≠ 0.

Wir untersuchen nun in einem Beispiel den Zusammenhang zwischen dem Körpergewicht und der Körpergröße, wobei wir eine Stichprobe vom Umfang 6 verwenden. Man könnte beispielsweise auch den Zusammenhang zwischen der Dosis eines Medikamentes und der Reaktionszeit untersuchen, wobei der Korrelationskoeffizient nur den linearen Zusammenhang erfass, es wären auch andere Zusammenhänge (exponentielle, quadratische, ...) möglich.

Hier sind unsere Daten:

v1	v2
175	79
178	81
177	80
181	84
185	83
183	90

In SPSS wählen wir →*Analysieren* →*Korrelation* →*Bivariate*.

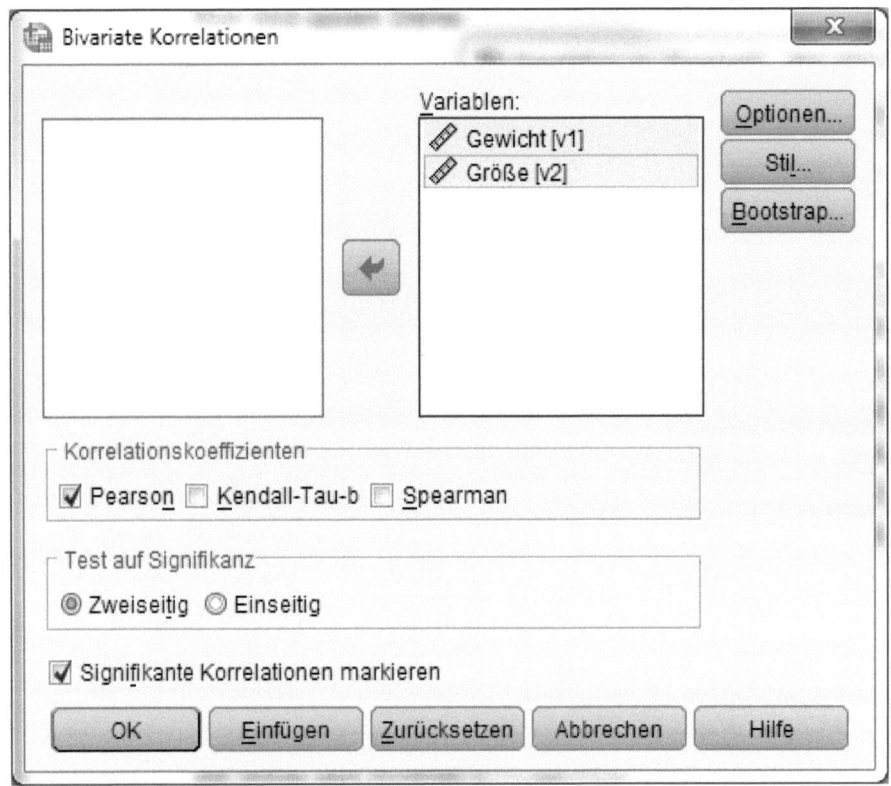

Wir erhalten die folgende Ausgabe:

Korrelationen

		Gewicht	Größe
Gewicht	Pearson-Korrelation	1	,724
	Sig. (2-seitig)		,104
	N	6	6
Größe	Pearson-Korrelation	,724	1
	Sig. (2-seitig)	,104	
	N	6	6

Der empirische Korrelationskoeffizient nach Pearson hat einen Wert von 0,724 (gerundet, wie in allen anderen Beispielen). Der Test ergibt keinen signifikanten Zusammenhang auf einem Signifikanzniveau von 5%, obwohl der Wert des empirischen Korrelationskoeffizienten relativ groß ist (p-Wert = 0,104 > 0,05). Wir können damit H_0 nicht verwerfen und keinen Zusammenhang nachweisen.

Das heißt aber wiederum nicht, dass gezeigt wurde, dass es keinen Zusammenhang gibt. Bei einem größeren Stichprobenumfang könnte es zur Signifikanz kommen. Außerdem besteht bei der Stichprobe schon ein Zusammenhang (der empirische Korrelationskoeffizient hat einen Wert von 0,724), man kann diesen nur nicht verallgemeinern und zeigen, dass die Daten aus einer Grundgesamtheit mit $\rho \neq 0$ stammen. Bei diesen Arten von Tests kann man immer nur den prozentualen Fehler angeben, wenn man sich für H_1 entscheidet. Den prozentualen Fehler, den man beim Beibehalten von H_0 macht, kennt man hier nicht (das wäre der Fehler 2. Art). Er könnte immer noch sehr hoch sein, warum man nicht sagen kann, es gibt keine theoretische Korrelation bzgl. der Grundgesamtheit.

Dies sieht man auch am Streudiagramm (die Größe wurde auf der x-Achse und das Gewicht auf der y-Achse abgetragen):

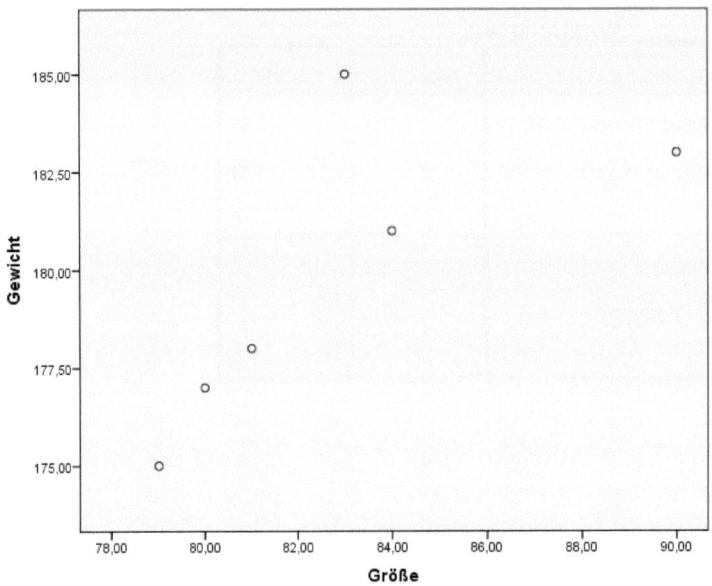

Für mathematisch Interessierte:

Im Folgenden verwenden wir $x_1, x_2, \ldots, x_n$ für die Beobachtungen der ersten Stichprobe und $y_1, y_2, \ldots, y_n$ für die Beobachtungen der zweiten Stichprobe.

Es werden nun berechnet: Der Stichprobenumfang n, der Mittelwert der ersten und zweiten Spalte $\bar{x}$ und $\bar{y}$ und die empirischen Varianzen s_x^2 und s_y^2.

$$\bar{x} = \frac{1}{n}\sum_{i=1}^{n} x_i = 179{,}833\ldots$$

$$\bar{y} = \frac{1}{n}\sum_{i=1}^{n} y_i = 82{,}833\ldots$$

$$s_x^2 = \frac{1}{n-1}\sum_{i=1}^{n}(x_i - \bar{x})^2 = 14{,}566\ldots$$

$$s_y^2 = \frac{1}{n-1}\sum_{i=1}^{n}(y_i - \bar{y})^2 = 15{,}766..$$

Es folgt die Berechnung der empirischen Kovarianz s_{xy} und des empirischen Korrelationskoeffizienten r_{xy} (bzw. des Pearsonschen Korrelationskoeffizienten).

$$s_{xy} = \frac{1}{n-1}\sum_{i=1}^{n}(x_i - \bar{x})(y_i - \bar{y}) = 10{,}966...$$

$$r_{xy} = \frac{s_{xy}}{\sqrt{s_x^2 \cdot s_y^2}} = 0{,}7236...$$

Test auf Korrelation bei Normalverteilung:
Unter der Voraussetzung, dass die beiden Stichproben $x_1, x_2, ..., x_n$ und $y_1, y_2, ..., y_n$ jeweils aus einer normalverteilten Grundgesamtheit stammen (wir gehen davon aus, dass die $x_1, x_2, ..., x_n$ Realisierungen von unabhängig und identisch normalverteilten Zufallvariablen $X_1, X_2, ..., X_n$ sind und dies analog für die zweite Stichprobe gilt) berechnen wir die Prüfgröße als Realisierung (unter H_0) der mit n - 2 Freiheitsgraden t-verteilten Prüfgröße und führen einen Test durch mit:

H_0: Die Korrelation zwischen zwei Variablen ist gleich Null (d.h. der Korrelationskoeffizient $\rho = 0$)

gegen

H_1: Die Korrelation zwischen zwei Variablen ist von Null verschieden (d.h. $\rho \neq 0$)

Nun berechnen wir die Prüfgröße t als Realisierung einer (unter H_0), wie beschrieben, mit n - 2 Freiheitsgraden t-verteilten Zufallsvariablen. Danach berechnen wir mit dieser den p-Wert.

$$t = r_{xy} \cdot \sqrt{\frac{n-2}{1-r_{xy}^2}} = 2{,}096988\ldots$$

H_0 kann auf einem Signifikanzniveau von α verworfen werden, wenn

$$|t| \geq F_{t_{n-2}}^{-1}(1-\alpha/2),$$

bzw., falls

$$F_{t_{n-2}}(|t|) \geq 1-\alpha/2 \Leftrightarrow \underbrace{2(1-F_{t_{n-2}}(|t|))}_{:=p-\text{Wert}} \leq \alpha \ .$$

Dabei ist $F_{t_{n-2}}$ die Verteilungsfunktion der t-Verteilung mit n - 2 Freiheitsgraden.

Im Beispiel hat der p-Wert einen Wert von 0,1040. Auf einem Signifikanzniveau von 5% kann man die Nullhypothese, dass die Korrelation gleich Null ist, nicht verwerfen (da p-Wert > 0,05). Man kann somit keinen Zusammenhang zwischen den beiden Variablen nachweisen. Wir weisen an dieser Stelle nochmals darauf hin, dass die Normalverteilungsvoraussetzungen erfüllt sein müssen. Falls diese nicht erfüllt sind, so kann ein nichtparametrisches Verfahren angewandt werden (Rangkorrelation nach Spearman, siehe nächstes Kapitel).

3.2 Rangkorrelation nach Spearman

Wir wollen in diesem Kapitel den Rangkorrelationskoeffizienten nach Spearman berechnen. Für diesen genügt ordinales Datenniveau und für den Test benötigen wir keine Normalverteilung der Daten.

Auf der Basis des Rangkorrelationskoeffizienten nach Spearman kann man einen Test mit den folgenden Hypothesen durchführen:

H_0: Die Zufallsvariablen X und Y sind unabhängig

gegen

H_1: Die Zufallsvariablen X und Y sind abhängig

Wir kommen zu unserem Beispiel: Es soll ein Zusammenhang zwischen der Note in Mathematik mit der Note in Physik untersucht werden. Die Noten wurden mit Zwischenstufen erfasst (1; 1,3;1,7; 2; … für 1; 1-; 2+; …).

v1	v2
4	5
4	5
3,7	4
2,7	3
5	5

In SPSS wählen wir →*Analysieren* →*Korrelation* →*Bivariate*.

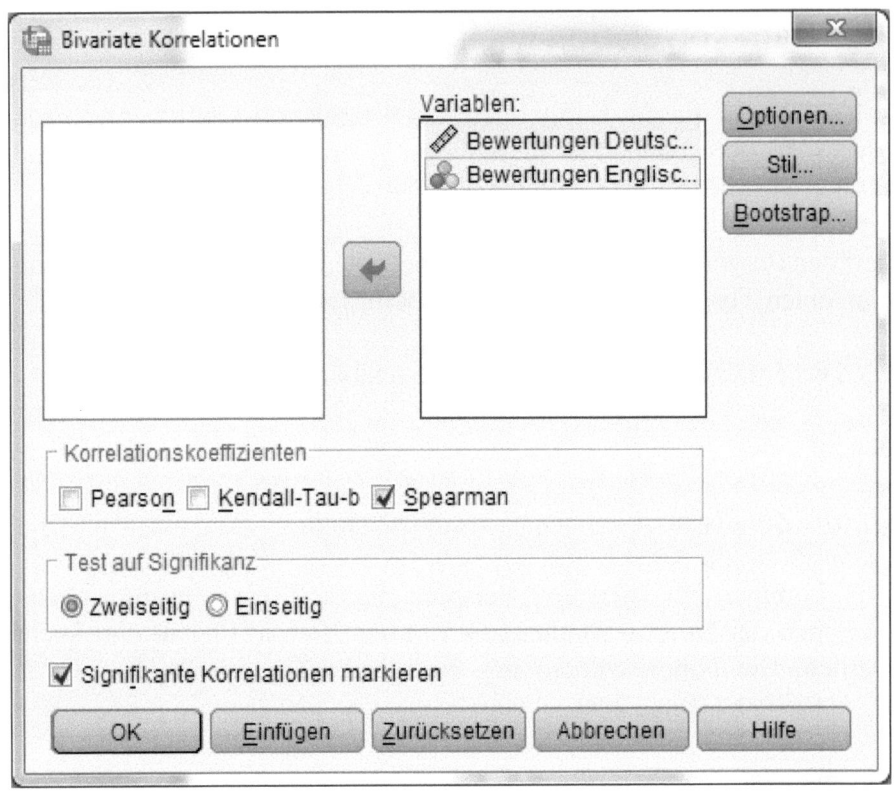

Es folgt die Ausgabe, die man nach dem Klicken auf →OK erhält. Der Korrelationskoeffizient nach Spearman hat einen Wert von 0,918, was relativ hoch ist. Es liegt empirisch eine positive Korrelation vor. Der Spearman'sche Korrelationskoeffizient ergibt sich, wenn man für jede Variable Rangzahlen berechnet und statt mit den Originaldaten mit diesen Rangzahlen den Pearson'schen Korrelationskoeffizient berechnet. Auf einem Signifikanzniveau von 5% kann man hier einen Zusammenhang nachweisen (p-Wert = 0,028 ≤ 0,05).

Korrelationen

			Bewertungen Deutsch	Bewertungen Englisch
Spearman-Rho	Bewertungen Deutsch	Korrelationskoeffizient	1,000	,918*
		Sig. (2-s.)	.	,028
		N	5	5
	Bewertungen Englisch	Korrelationskoeffizient	,918*	1,000
		Sig. (2-s.)	,028	.
		N	5	5

*. Korrelation ist bei Niveau 0,05 signifikant (zweiseitig).

Für mathematisch Interessierte:

Die erste Datenreihe besteht aus n Realisierungen $x_1, x_2, ..., x_n$ der unabhängig und identisch stetig verteilten Zufallsvariablen $X_1, X_2, ..., X_n$ (die verteilt sind wie X) und die zweite Datenreihe besteht analog aus den Realisierungen $y_1, y_2, ..., y_n$ der unabhängig und identisch stetig verteilten Zufallsvariablen $Y_1, Y_2, ..., Y_n$ (die verteilt sind wie Y).

Spalte 1 (x_i)	Rang(x_i)	Spalte 2 (y_i)	Rang(y_i)
4	3.5	5	4
4	3.5	5	4
3.7	2	4	2
2.7	1	3	1
5	5	5	4

Der Korrelationskoeffizient nach Spearman wird wie folgt berechnet:

Es werden für beide Datenreihen separat Rangzahlen vergeben. Danach wird mit diesen Rangzahlen der Korrelationskoeffizient nach Pearson berechnet.

Zur Durchführung des Tests kann anstelle des Korrelationskoeffizienten nach Spearman auch die Hotelling-Pabst-Statistik verwendet werden, die etwas einfacher über die Rangzahlen berechnet werden kann, wie wir unten sehen werden.

Die Rangzahlen für die erste Variable sind:

3,5, 3,5, 2, 1, 5

Für die zweite Variable:

4, 4, 2, 1, 4

Wir berechnen den mittleren Rang, der für beide Variablen gleich ist:

$$\bar{r} = \frac{1}{n}\sum_{i=1}^{n} \text{Rang}(x_i) = \frac{1}{n}\sum_{i=1}^{n} \text{Rang}(y_i) = \frac{n+1}{2}$$

Der Korrelationskoeffizient nach Spearman ergibt sich dann durch:

$$r_S = \frac{\sum_{i=1}^{n}(\text{Rang}(x_i)-\bar{r})(\text{Rang}(y_i)-\bar{r})}{\sqrt{\sum_{i=1}^{n}(\text{Rang}(x_i)-\bar{r})^2} \cdot \sqrt{\sum_{i=1}^{n}(\text{Rang}(y_i)-\bar{r})^2}}$$

Im Beispiel ist $\bar{r} = 3$. Da der Rangkorrelationskoeffizient nach Spearman im Beispiel mit einem Wert von $r_s = 0{,}9176...$ recht groß ist (dieser kann Werte zwischen -1 und 1 annehmen), lässt dies eine positive Korrelation vermuten.

Die Hotelling-Pabst-Statistik ist gegeben durch:

$$d = \sum_{i=1}^{n} (\text{Rang}(x_i) - \text{Rang}(y_i))^2$$

Im Beispiel ist d = 1,5. d wird oft als Prüfgröße für den Test auf Korrelation verwendet.

Es gilt:

$$E(D) = n(n-1)(n+1)/6 - \frac{1}{12}\sum_{j=1}^{k_s} s_j(s_j-1)(s_j+1) - \frac{1}{12}\sum_{j=1}^{k_t} t_j(t_j-1)(t_j+1)$$

Im Beispiel gilt: E(D) = 17,5

Die Werte s_j sind die absoluten Häufigkeiten der Wert x_i (siehe t_i in Kapitel 2.4). In diesem Beispiel kommt die 2,7 und 3,7 einfach, die 4 doppelt und die 5.1 einfach vor. Somit ist $k_s = 4$, $s_1 = 1$, $s_2 = 1$, $s_3 = 2$ und $s_4 = 1$. Die Werte t_j sind analog die absoluten Häufigkeiten der Wert y_i. In diesem Beispiel kommt die 3 und die 4.3 einfach und die 5 dreifach vor. Somit ist $k_t = 3$, $t_1 = 1$, $t_2 = 1$ und $t_3 = 3$. Es treten somit Bindungen (mehrfach vorkommende Werte bei einer Variablen) auf. Kommen alle Werte nur einfach vor (bei einer Variablen), so entfallen die beiden letzten Summanden und $E(D) = n(n-1)(n+1)/6$.

$$Var(D) = (n^2(n-1)(n+1)^2/36)$$
$$\cdot \left(1 - \frac{1}{n^3-n}\sum_{j=1}^{k_s} s_j(s_j-1)(s_j+1)\right)\left(1 - \frac{1}{n^3-n}\sum_{j=1}^{k_t} t_j(t_j-1)(t_j+1)\right)$$

Im Beispiel gilt: Var(D) = 76

Nun kann die Prüfgröße z berechnet werden, die Realisierung einer asymptotisch standardnormalverteilten Zufallsvariablen Z ist:

$$z = \frac{d - E(D)}{\sqrt{\text{Var}(D)}}$$

Der approximative p-Wert = $2(1-F_{N(0,1)}(|z|))$. Dies wäre eine Möglichkeit. SPSS rechnet hier aber, wie beim Pearson'schen Korrelationskoeffizient mit

$$t = r_s \cdot \sqrt{\frac{n-2}{1-r_s^2}}$$

und danach den p-Wert über $2(1 - F_{t_{n-2}}(|t|)) \approx 0{,}0280$, womit wir auf einem Signifikanzniveau von 5% die Nullhypothese verwerfen und einen signifikanten Zusammenhang nachweisen können. Hier sollte n aber größer als 20 sein. Bei diesem Stichprobenumfang sollt aber die exakte Verteilung verwendet werden. In Büchern (wie z.B. in [3], [8] und [9]) findet man hierzu Tabellen (falls keine Bindungen vorhanden sind, wobei man diese auch Näherungsweise verwenden kann).

Wollen wir nun die exakte Verteilung zu diesem Test bestimmen. Dazu müssen für alle möglichen Permutationen der Rangzahlen der Stichproben die Prüfgröße d berechnet werden. Es gibt hier im Beispiel also

$$\frac{n!}{t_1! \cdot \ldots \cdot t_{k_t}!} = \frac{5!}{2!} = 60$$

Möglichkeiten, wenn wir die Rangzahlen der ersten Stichprobe permutieren und

$$\frac{n!}{s_1! \cdot \ldots \cdot s_{k_s}!} = \frac{5!}{3!} = 20$$

Möglichkeiten, wenn wir die Rangzahlen der zweiten Stichprobe permutieren. Wir benötigen also weniger Rechenschritte bei der Permutation der zweiten Stichprobe. Somit gibt es 20 mögliche Rangzahlenkombinationen um r_s oder d zu berechnen.

Es folgen die möglichen Werte für den Spearman-Rangkorrelationskoeffizienten und darunter mögliche Werte für d im Beispiel mit den dazugehörigen (absoluten) Häufigkeiten bei einer Permutation der Rangzahlen der zweiten Teilstichprobe.

r_S	Häufigkeit
-0,802955	2
-0,630893	2
-0,458831	1
-0,286770	2
-0,229416	1
-0,114708	1
0,057354	2
0,229416	3
0,286770	2
0,573539	2
0,802955	1
0,917663	1

d	Häufigkeit
1,5	1
3,6	1
7,5	2
12,5	2
13,5	3
16,5	2
19,5	1
21,5	1
22,5	2
25,5	1
28,5	2
31,5	2

Wenn wir uns jetzt noch die zugehörige Dichte ausgeben lassen, können wir anhand dieser direkt erkennen, zu welchem α wir die Nullhypothese verwerfen können oder aber auch nicht. Dafür teilen wir jeweils die oberen Häufigkeiten der Prüfgrößen durch die Summe aller Häufigkeiten (also durch 20).

d	$P(D = d)$	$P(D \leq d)$
1,5	0,05	0,05
3,5	0,05	0,1
7,5	0,1	0,2
12,5	0,1	0,3
13,5	0,15	0,45
16,5	0,1	0,55
19,5	0,05	0,6
21,5	0,05	0,65
22,5	0,1	0,75
25,5	0,05	0,8
28,5	0,1	0,9
31,5	0,1	1

Bevor wir allerdings zur Bewertung kommen, wollen wir uns grafisch veranschaulichen, inwieweit sich die Normalverteilung an unsere exakte Verteilung (unten als Treppenfunktion zu sehen, wobei die senkrechten Striche nicht zur Funktion gehören) annähert.

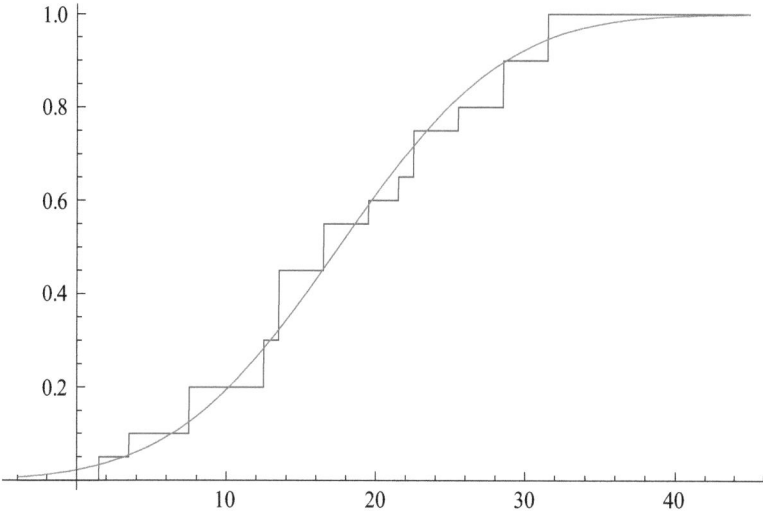

Wir haben weiter oben eine Prüfgröße von d = 1,5 berechnet. Es gilt P(D ≤ 1,5) = 1/20. P(D ≥ 1,5) = 1. Der zweiseitige p-Werte wäre damit 2·P(D ≤ 1,5) = 1/10 = 10%. Somit könnte man die Nullhypothese erst auf einem Signifikanzniveau α von gleich 10% verwerfen.

SPSS berechnet hier einen anderen p-Wert über:

p-Wert = $2(1 - F_{t_{n-2}}(|t|))$ mit

$$t = \sqrt{(n-2)\frac{r_s^2}{1-r_s^2}}$$

und $F_{t_{n-2}}$ als Verteilungsfunktion der t-Verteilung mit n-2 Freiheitsgraden.

3.3 Kontingenztafeln und Chi-Quadrat-Test

Wir wollen nun den Zusammenhang zwischen zwei Variablen mit nominalen oder ordinalen Datenniveau untersuchen (wobei man im letzten Fall, wenn beide Variablen ordinales Niveau haben, auch den Rangkorrelationskoeffizient bestimmten kann.

Gerade im Sozialwissenschaftlichen Bereich hat man oft nur Daten dieses Niveaus vorliegen. Möchte man hier beispielsweise einen Zusammenhang zwischen dem Geschlecht und der Beurteilung eines Sachverhaltes z.B. des Rauch-/Trinkverhaltens untersuchen, dann bietet sich ein Chi-Quadrat-Test an. Zur ersten Beurteilung kann man sich auch die Kontingenztabelle (Kreuztabelle) ansehen und sich auch mal die relativen Häufigkeiten pro Zeile ausgeben lassen. Wenn die Zellenbesetzung zu dünn ist (Faustformel: bei weniger als 5 Beobachtungen in einer Zelle) sollte man eher den exakten Test von Fisher verwenden.

Beide Tests testen die Hypothesen („Anwendungsorientiert formuliert):

H_0: Das Antwortverhalten auf die beiden Fragen ist unabhängig.

H_1: Es besteht ein Zusammenhang bei den Antworten auf die beiden Fragen.

Wir kommen zu den Beispielen:

Beispiel a:
Mit Hilfe einer Kreuztabelle soll ein möglicher Zusammenhang zwischen den Antworten auf die Frage A und den Antworten auf die Frage B untersucht werden, die beide mit "ja" oder "nein" beantwortet werden konnten. Es liegt eine Stichprobe vom Umfang n = 45 vor.

		Frage B		Zeilensumme
		ja	nein	
Frage A	ja	9	6	15
	nein	5	15	20
Spaltensumme		14	21	45

In der obigen Tabelle ist beispielsweise zu sehen, dass 5 Personen die Frage A mit „nein" und die Frage B mit „ja" beantwortet.

Beispiel b:
Es soll ein möglicher Zusammenhang untersucht werden zwischen den Behandlungsmethoden A, B und C eines Arztes und dem Heilungserfolg. Es liegt eine Stichprobe vom Umfang n = 320 vor.

		Heilungserfolg		Zeilensumme
		Erfolg	kein Erfolg	
Beh.	A	98	22	120
	B	46	44	90
	C	40	70	110
Spaltensumme		184	136	320

Beispiel c:
Es wurden n = 36 Personen befragt, ob sie Raucher seien, bzw. ob sie regelmäßig Alkohol konsumieren. Es soll festgestellt werden, ob die Variable "Rauchverhalten" mit den beiden Kategorien "Raucher" und

"Nichtraucher" von der Variablen "Trinkverhalten" mit den beiden Kategorien "Abstinenzler" und "Alkoholkonsument" unabhängig ist.

Es waren in dieser Stichprobe 9 Alkoholkonsumenten und 27 Abstinenzler. Festgestellt wurden 12 Raucher (und daher 36 – 12 = 24 Nichtraucher). Unter den 12 Rauchern waren 8 Abstinenzler (und daher 12 - 8 = 4 Alkoholkonsumenten). Bei den 24 Nichtrauchern waren 19 Abstinenzler und 5 Alkoholkonsumenten.

Die vollständige Tabelle mit den zugehörigen Randsummen sehen Sie hier:

	Raucher	Nichtraucher	Zeilensumme
Alkohol-Konsument	4	5	9
Abstinenzler	8	19	27
Spaltensumme	12	24	36

Wenn nun Rauchverhalten und Trinkverhalten unabhängig von einander wären, so gäbe es unter den Abstinenzlern in dieser Stichprobe (das sind 27/36 = 3/4 aller Personen) einen ungefähr ebenso großen Anteil an Rauchern, wie in der Gesamtstichprobe, wo 12/36 = 1/3 aller Personen rauchen. Es müssten daher ca. 1/3 von 3/4 aller 36 Personen (das sind absolut $1/3 \cdot 3/4 \cdot 36 = 9$ Personen) rauchende Abstinenzler sein. Diese Anzahl wäre bei Unabhängigkeit der beiden Variablen zu erwarten. Tatsächlich festgestellt wurden 8 rauchende Abstinenzler, was in diesem Beispiel keine große Abweichung darstellt. Entsprechende Überlegungen wären allerdings nun für die anderen Zelleninhalte durchzuführen. Wenn man die Prozentwerte pro Zeile vergleicht, müsste bei Unabhängigkeit der Raucheranteil unter den Abstinenzlern ungefähr so groß sein wie unter den Alkoholkonsumenten. Wenn die Abweichungen hier groß genug sind, dann führt dies zu einer Signifikanz.

Wären die summierten (quadratischen und bezüglich der erwarteten Häufigkeiten relativierten) Abweichungen aller Zelleninhalte der konkreten (aus den Beobachtungen aufgestellten) Kreuztabelle von den bei Unabhängigkeit erwarteten Werten "groß", so spräche das gegen eine Unabhängigkeit. Diese Abweichungen könnten allerdings zufallsbedingt groß sein, da es sich um eine Stichprobe handelt.

Der Chi-Quadrat-Test auf Unabhängigkeit stellt ein statistisches Verfahren dar, das aus diesen Abweichungen eine Prüfgröße berechnet, anhand derer die Hypothese der Unabhängigkeit für die Gesamtpopulation bzw. Grundgesamtheit, die hinter der Stichprobe steht, überprüft werden kann. Der Name "Chi-Quadrat-Test" rührt von der Tatsache her, dass die Prüfgröße unter der Hypothese der Unabhängigkeit eine Realisierung einer Chi-Quadrat-verteilten zufälligen Größe ist.

Wir beginnen mit Beispiel a und erklären, wie man die Daten im System eintragen kann. Die Daten für die Beispiele b und c können dann analog eingegeben werden.

Die Stichprobe zum Beispiel a könnte wie folgt eingeben werden:

v1	v2
ja	ja
ja	ja
……..	
ja	ja (insgesamt 9-mal ja, ja)
ja	nein
ja	nein
……..	
ja	nein (insgesamt 6-mal ja, nein)
……..	
……..	

Nur das wäre zu aufwändig. Aus diesem Grund geben wir die Stichprobe so ein:

v1	v2	v3
ja	ja	9
ja	nein	6
nein	ja	5
nein	nein	15

Jetzt muss man nur dem System mitteilen, dass in v3 die Anzahl der Datensätze steht. Dazu kann man →*Daten* →*Fälle gewichten* auswählen und dann im Menü „Fälle gewichten mit" anklicken. Hier kann man dann die Anzahl auswählen.

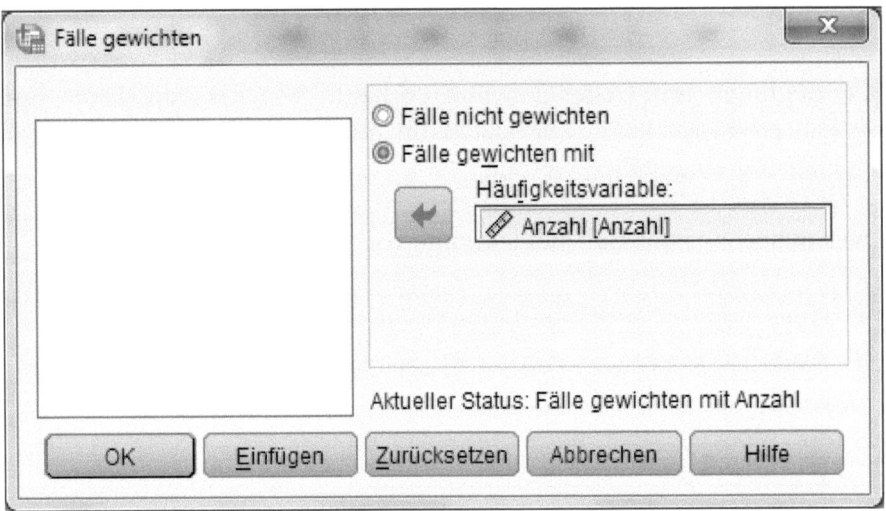

Danach geht es weiter mit →*OK*.

Nun kann die Auswertung gestartet werden. Dazu müssen Sie →*Analysieren* →*Deskriptive Statistiken* →*Kreuztabellen* wählen.

Hier können unter Zeilen v1 und unter Spalten v2 auswählen und dann auf →*Statistiken* klicken. Hier wählen wir „Chi-Quadrat" aus.

Danach können Sie auf →*Weiter* klicken und dann auf →*Zellen*. Unter Häufigkeiten können Sie auf „Erwartet" klicken und unter Prozentwerte auf „Zeilenweise" und dann wieder auf →*Weiter*. Danach können Sie →*OK* wählen und Sie erhalten die Auswertung.

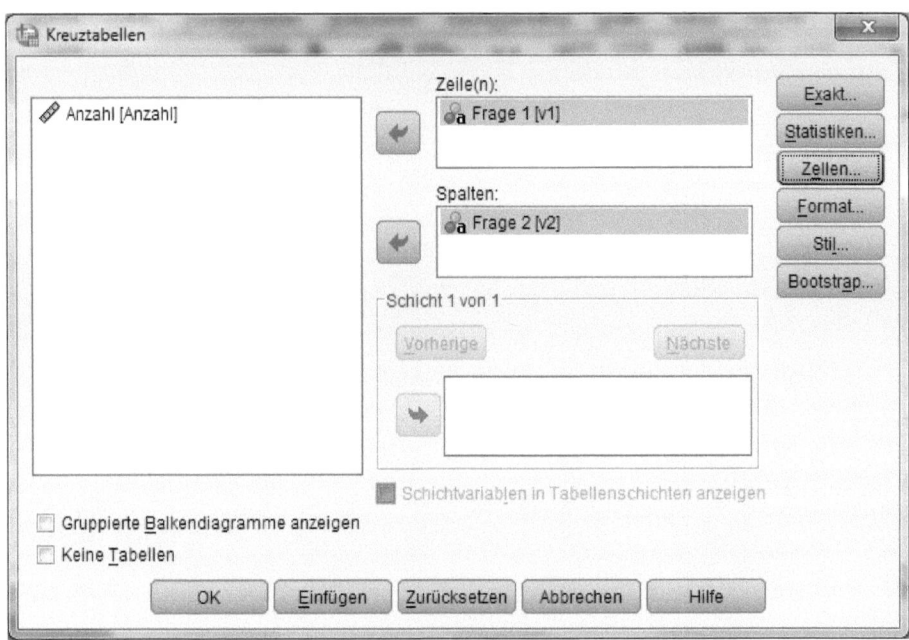

Kreuztabelle Frage 1*Frage 2

			Frage 2		Gesamtsumme
			ja	nein	
Frage 1	ja	Anzahl	9	6	15
		Erwartete Anzahl	6,0	9,0	15,0
		% in Frage 1	60,0%	40,0%	100,0%
	nein	Anzahl	5	15	20
		Erwartete Anzahl	8,0	12,0	20,0
		% in Frage 1	25,0%	75,0%	100,0%
Gesamtsumme		Anzahl	14	21	35
		Erwartete Anzahl	14,0	21,0	35,0
		% in Frage 1	40,0%	60,0%	100,0%

Chi-Quadrat-Tests

	Wert	df	Asymp. Sig. (zweiseitig)	Exakte Sig. (zweiseitig)	Exakte Sig. (einseitig)
Pearson-Chi-Quadrat	4,375[a]	1	,036		
Kontinuitätskorrektur[b]	3,038	1	,081		
Likelihood-Quotient	4,427	1	,035		
Exakter Test nach Fisher				,080	,040
Anzahl der gültigen Fälle	35				

a. 0 Zellen (0,0%) haben die erwartete Anzahl von weniger als 5. Die erwartete Mindestanzahl ist 6,00.

b. Berechnung nur für eine 2x2-Tabelle

Die Prozentwerte pro Zeile sind interessant. Hier sieht man, dass, wenn eine Person die Frage 1 mit ja beantwortet hatte, dann hatte sie auch mit einer relativen Häufigkeit von 60% die Frage 2 mit ja beantwortet. Außerdem haben 75% der Personen, die die Frage 1 mit nein beantwortet haben, auch die Frage 2 mit nein beantwortet. Dies deutet auf einen möglichen Zusammenhang hin (der bei der Stichprobe zu sehen ist, für dessen Verallgemeinerung aber ein Test notwendig ist). Man sieht außerdem die bei Unabhängigkeit zur erwarteten absoluten Häufigkeiten.

Der p-Wert des Chi-Quadrat-Tests auf Unabhängigkeit beträgt 0,036. Damit kann man auf einem Signifikanzniveau von 5% die Nullhypothese der Unabhängigkeit verwerfen und es liegt ein signifikanter Zusammenhang vor.

Analog kann man im Beispiel b die Kreuztabelle mit Chi-Quadrat-Test erstellen:

Kreuztabelle Behandlung*Heilungserfolg

			Heilungserfolg Erfolg	Heilungserfolg kein Erfolg	Gesamt-summe
Behandlung	A	Anzahl	98	22	120
		Erwartete Anzahl	69,0	51,0	120,0
		% in Behandlung	81,7%	18,3%	100,0%
	B	Anzahl	46	44	90
		Erwartete Anzahl	51,8	38,3	90,0
		% in Behandlung	51,1%	48,9%	100,0%
	C	Anzahl	40	70	110
		Erwartete Anzahl	63,3	46,8	110,0
		% in Behandlung	36,4%	63,6%	100,0%
Gesamtsumme		Anzahl	184	136	320
		Erwartete Anzahl	184,0	136,0	320,0
		% in Behandlung	57,5%	42,5%	100,0%

Chi-Quadrat-Tests

	Wert	df	Asymp. Sig. (zweiseitig)
Pearson-Chi-Quadrat	50,291[a]	2	,000
Likelihood-Quotient	53,120	2	,000
Anzahl der gültigen Fälle	320		

a. 0 Zellen (0,0%) haben die erwartete Anzahl von weniger als 5. Die erwartete Mindestanzahl ist 38,25.

Bei Behandlung A haben 69% einen Heilungserfolg, bei der Behandlung B nur etwas über 51% und bei C nur noch ca. 36%. Bei der Stichprobe ist ein Zusammenhang zu erkennen, die Frage ist nur, ob dieser signifikant ist bzw. verallgemeinert werden kann.

Am p-Wert von 0,000 (Pearson-Chi-Quadrat) ist zu erkennen, dass man auf jedem gängigen Signifikanzniveau einen Zusammenhang nachweisen kann. Die 0,000 ist aber keine 0.

Zum Beispiel c:

Kreuztabelle Alkoholkonsum*Rauchverhalten

			Rauchverhalten		Gesamt-summe
			nicht rauchend	rauchend	
Alkoholkonsum	kein Alkohol	Anzahl	19	8	27
		Erwartete Anzahl	18,0	9,0	27,0
		% in Alkoholkonsum	70,4%	29,6%	100,0%
	Alkohol	Anzahl	5	4	9
		Erwartete Anzahl	6,0	3,0	9,0
		% in Alkoholkonsum	55,6%	44,4%	100,0%
Gesamtsumme		Anzahl	24	12	36
		Erwartete Anzahl	24,0	12,0	36,0
		% in Alkoholkonsum	66,7%	33,3%	100,0%

Die Interpretation sei der Leserin oder dem Leser überlassen.

Chi-Quadrat-Tests

	Wert	df	Asymp. Sig. (zweiseitig)	Exakte Sig. (zweiseitig)	Exakte Sig. (einseitig)
Pearson-Chi-Quadrat	,667[a]	1	,414		
Kontinuitätskorrektur[b]	,167	1	,683		
Likelihood-Quotient	,648	1	,421		
Exakter Test nach Fisher				,443	,335
Anzahl der gültigen Fälle	36				

a. 1 Zellen (25,0%) haben die erwartete Anzahl von weniger als 5. Die erwartete Mindestanzahl ist 3,00.

b. Berechnung nur für eine 2x2-Tabelle

Für mathematisch Interessierte:
Wir gehen von zwei kategoriellen Zufallsvariablen X und Y aus, wobei X die Werte (Kategorien) $a_1, a_2, ..., a_r$ und Y die Werte $b_1, b_2, ..., b_s$ annehmen kann. Das Datenniveau muss hier dann sogar nur nominal sein.

Fasst man eine Datenzeile in einem Wertepaar zusammen, so kann man die (absolute) Häufigkeit n_{ij} bestimmen, mit der das Wertepaar (a_i, b_j) in der Stichprobe aufgetreten ist. Diese Häufigkeiten, die die Grundlage für den Chi-Quadrat-Test auf Unabhängigkeit bilden, kann man in einer so genannten Kontingenztafel (oder Kreuztabelle) darstellen:

		Y			Zeilensumme
		b_1	b_2	b_s	
X	a_1	n_{11}	n_{12}	N_{1s}	$n_{1.}$
	a_2	n_{21}	n_{22}	N_{2s}	$n_{2.}$
	.				
	.				
	a_r	n_{r1}	n_{r2}	n_{rs}	$n_{r.}$
Spaltensumme		$n_{.1}$	$n_{.2}$	$n_{.s}$	N

Die Zeilen- und Spaltensummen ergeben sich hierbei aus

$$n_{i.} = \sum_{j=1}^{s} n_{ij} \quad \text{und} \quad n_{.j} = \sum_{i=1}^{r} n_{ij}.$$

Betrachtet man nun die Häufigkeiten n_{ij} als Realisierungen der Zufallsvariablen N_{ij}, die als Komponenten eines Zufallsvektors $(N_{11}, N_{12}, ..., N_{1s}, N_{21}, ..., N_{rs})^T$ mit einer r·s-dimensionalen Multinomialverteilung aufgefasst werden, so ergeben sich für die Wahrscheinlichkeiten $P(X = a_i) = p_i$, $P(Y = b_j) = q_j$ und $P(X = a_i, X = b_j) = p_{ij}$ die folgenden Maximum-Likelihood-Schätzer (was die entsprechenden relativen Häufigkeiten sind):

$$\hat{p}_i = \frac{n_{i.}}{n}, \quad \hat{q}_j = \frac{n_{.j}}{n} \quad \text{und} \quad \hat{p}_{ij} = \frac{n_{ij}}{n}.$$

Bemerkung: Die von uns in allen Beispielen verwendeten Zahlenwerte entstammen keiner realen Studie, sondern sind für das jeweilige Beispiel ad hoc gewählt worden.

Um die Grundidee des Chi-Quadrat-Tests (oder χ^2-Tests) besser verstehen zu können, kommen wir nun zu drei Beispielen:

Bevor wir nun auf Details eingehen, ist es hier ist zunächst wichtig, sich die oben gezeigte Vorgehensweise bei der Berechnung der erwarteten Zelleninhalte klar zu machen. Wir wollen dies nun etwas mathematischer fassen:

Zwei kategorielle Zufallsvariablen X und Y sind genau dann stochastisch unabhängig, wenn

$$P(X = a_i, Y = b_j) = P(X = a_i) \cdot P(Y = b_j)$$

für alle i = 1, 2, ..., r und j = 1, 2, ..., s gilt. Das heißt in Worten: Die Wahrscheinlichkeit, dass die Zufallsvariable X den Wert a_i annimmt und zudem die Zufallsvariable Y den Wert b_j, ist gleich dem Produkt der Wahrscheinlichkeit, dass die Zufallsvariable X den Wert a_i annimmt, mit der Wahrscheinlichkeit, dass die Zufallsvariable Y den Wert b_j annimmt.

Somit muss bei Unabhängigkeit der beiden Zufallsvariablen X und Y für die relativen Häufigkeiten als Schätzungen für die Wahrscheinlichkeiten gelten:

$$\frac{n_{ij}}{n} \approx \frac{n_{i.}}{n} \cdot \frac{n_{.j}}{n}$$

Dementsprechend gilt für die bei Unabhängigkeit erwarteten absoluten Häufigkeiten:

$$n_{ij} \approx \frac{n_{i.}}{n} \cdot \frac{n_{.j}}{n} \cdot n = \frac{n_{i.} \cdot n_{.j}}{n}$$

Vergleichen Sie dies mit der anfangs gezeigten Berechnung der erwarteten absoluten Häufigkeiten im Beispiel des Rauch- und Trinkverhaltens.

Bei Unabhängigkeit der beiden Zufallsvariablen müssten die beobachteten Häufigkeiten n_{ij} in der Nähe der erwarteten Häufigkeiten

$$n'_{ij} = \frac{n_{i.} \cdot n_{.j}}{n}$$

liegen. Falls diese Abweichungen zu groß sind, so spricht dies gegen die Unabhängigkeit.

Aus den beobachteten und (den bei Unabhängigkeit) erwarteten Häufigkeiten lässt sich nun eine Prüfgröße z berechnen, die als Realisierung einer Zufallsvariablen Z betrachtet werden kann, welche unter der Unabhängigkeitshypothese H_0 asymptotisch χ^2-verteilt ist, mit $(r-1)\cdot(s-1)$ Freiheitsgraden. Diese Prüfgröße errechnet sich aus den bezüglich der erwarteten Häufigkeiten relativierten Differenzenquadraten zwischen beobachteten (n_{ij}) und erwarteten (n'_{ij}) Häufigkeiten, welche dann aufsummiert werden:

$$z = \sum_{i=1}^{r}\sum_{j=1}^{s} \frac{(n_{ij} - n'_{ij})^2}{n'_{ij}}$$

Gehen wir nun von den Hypothesen

H_0: X und Y sind unabhängig

gegen

H_1: X und Y sind abhängig

aus, so kann die Nullhypothese H_0 der stochastischen Unabhängigkeit auf dem Signifikanzniveau α verworfen werden, falls z größer als das (oder gleich dem) $(1-\alpha)$-Quantil der χ^2-Verteilung mit $(r-1)\cdot(s-1)$ Freiheitsgraden ist, also wenn gilt:

Ist F die Verteilungsfunktion der χ^2-Verteilung mit $(r-1)\cdot(s-1)$ Freiheitsgraden, dann ist H_0 zu verwerfen für

$$z \geq F^{-1}(1 - \alpha) \text{ oder p-Wert} = 1 - F(z) \leq \alpha.$$

1 - F(z) wird als (approximativer) p-Wert in der Ausgabe ausgegeben. Ist dieser kleiner als das (oder gleich dem) gewählte Signifikanzniveau α, so kann die Nullhypothese verworfen werden. In diesem Fall wurde dann ein signifikanter Zusammenhang zwischen den Zufallsvariablen X und Y nachgewiesen, da die Nullhypothese H_0 zugunsten der Alternativhypothese H_1 verworfen werden kann.

Bei zu geringer Zellenbesetzung der Kontingenztafel (einer Warnung wird ausgegeben, wenn eine Zelle weniger als 5 Beobachtungen aufweist), sollte der exakte Test von Fisher verwendet werden.

4 Vergleich zweier unverbundener Stichproben

4.1 Der Zweistichproben t-Test

Mit einem t-Test kann man Tests bezüglich des Erwartungswertes durchführen. Bei zweistichproben T-Tests wird zwischen verbundenen und unverbundenen Stichproben unterschieden. Bei verbundenen Stichproben wurden Messwerte derselben Personen zu verschiedenen Zeitpunkten erfasst. Z.B. das Gewicht vor und nach einer Diät oder Reaktionszeit vor und nach der Einnahme eines Medikamentes. Bei unverbundenen Stichproben sind verschiedene Personen in jeder Teilstichprobe. Z.B. beim Vergleich des Einkommens von Frauen und Männer. Hier stehen dann auch die Daten nicht nebeneinander, wie bei verbundenen Stichproben, sondern die Stichprobe wird durch eine Variable in zwei Gruppen geteilt, deren Mittelwerte (bzw. theoretisch Erwartungswerte) verglichen werden. Im Folgenden ist μ_1 der Erwartungswert der Gruppe 1 und μ_2 der Erwartungswert der Gruppe 2. Die Daten müssen in beiden Gruppen normalverteilt sein.

Wir testen die folgenden Hypothesen:

H_0: $\mu_1 = \mu_2$

gegen

H_1: $\mu_1 \neq \mu_2$

Kommen wir nun zu den Daten für unser Beispiel. Wir verwenden zwei Teilstichproben mit gleichem Umfang, wobei die Umfänge hier auch unterschiedlich groß sein können.

v1	v2
170	1
175	1
178	1
172	1
181	2
185	2
181	2
184	2

Hier wurde die Körpergröße von zwei Gruppen von Personen erfasst, z.B. können in der Gruppe 2 Männer und der Gruppe 1 Frauen gewesen sein.

In SPSS können Sie →*Analysieren* →*Mittelwerte vergleichen* →*T-Test* bei unabhängigen Stichproben auswählen.

Testvariable ist die Körpergröße (v1) und Gruppierungsvariable (v2) ist die Gruppe. Hier müssen Sie noch auf "Gruppen definieren" klicken und die Werte der beiden Gruppen eintragen:

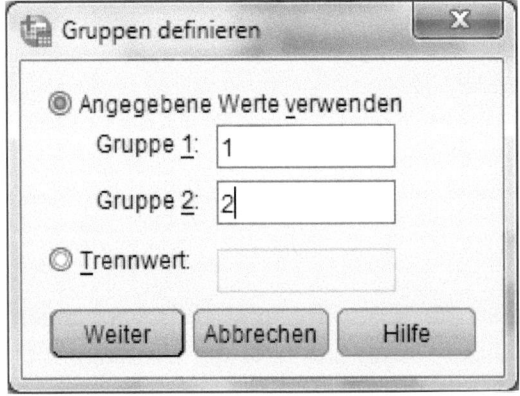

Danach →*Weiter* und dann →*OK*.

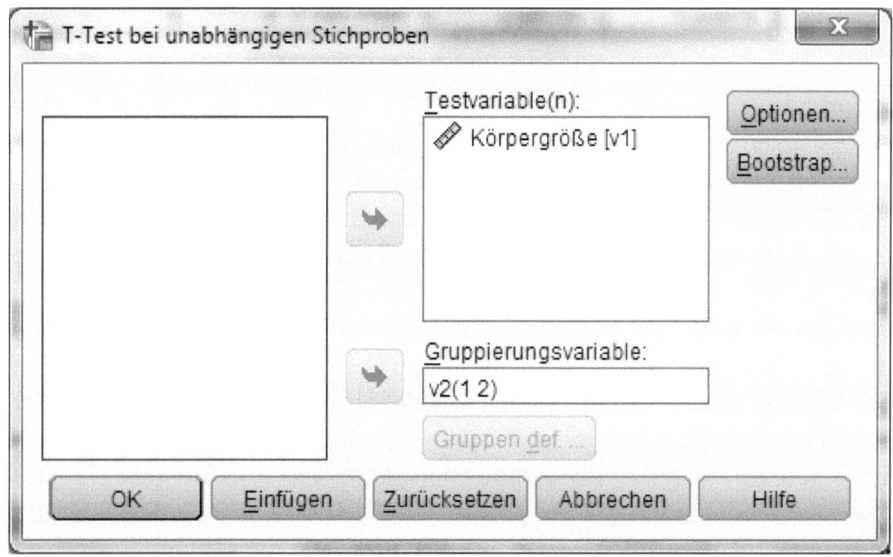

Gruppenstatistik

	Gruppe	H	Mittelwert	Standard-abweichung	Standardfehler Mittelwert
Körpergröße	1	4	173,7500	3,50000	1,75000
	2	4	182,7500	2,06155	1,03078

Wie zu sehen ist, gibt es einen Unterschied bei den Mittelwerten der beiden Stichproben. Die Gruppe 1 war im Durchschnitt 173,75cm groß und die Gruppe 2 im Durchschnitt 182,75cm. Es gibt nun zum Testen der Hypothesen

H_0: $\mu_1 = \mu_2$ gegen H_1: $\mu_1 \neq \mu_2$

zwei Testverfahren. Eines ist für gleiche und eines für ungleiche

Varianzen geeignet. Um zu entscheiden, welches Testverfahren verwendet werden soll, wird zusätzlich ein Test bezüglich der Varianzen durchgeführt (σ_1^2 ist die Varianz der ersten Stichprobe):

$H_0: \sigma_1^2 = \sigma_2^2$ gegen $H_1: \sigma_1^2 \neq \sigma_2^2$

Hier ergibt sich ein p-Wert von 0,238. Damit kann auf einem Signifikanziveau von 5% die Hypothese der Gleichheit der Varianten nicht verworfen werden (aber Achtung, H_0 wurde nicht nachgewiesen bzw. relativ sicher gezeigt, denn wir kennen den Fehler 2. Art nicht, den man macht, wenn man H_0 beibehält). Wir gehen nun aber von gleichen Varianzen aus und wählen bezüglich des t-Tests den oberen p-Wert von 0,004. Damit können wir die Hypothese der Gleichheit der Erwartungswerte verwerfen und es gibt einen signifikanten Unterschied zwischen den beiden Gruppen. Der p-Wert des t-Testes für verschiedene Varianzen beträgt 0,007. Hier könnte man auch auf jedem gängigen Signifikanznivau (5% oder 1%) verwerfen.

		Levene-Test der Varianzgleichheit		T-Test für die Mittelwertgleichheit		
		F	Sig.	T	df	Sig. (2-s.)
Körpergr.	Varianzgleichheit angenommen	1,714	,238	-4,431	6	,004
	Varianzgleichheit nicht angenommen			-4,431	4,858	,007

Oben ist ein Auszug der ausgegebenen Tabelle zu sehen, der für die Tests relevant ist.

Für mathematisch Interessierte:
Es wird vorausgesetzt, dass die beiden Teilstichproben $x_1, x_2, ..., x_{n_1}$ und $y_1, y_2, ..., y_{n_2}$ jeweils aus (voneinander unabhängigen) normalverteilten Grundgesamtheiten stammen. D.h. die erste Teilstichprobe besteht aus Realisierungen unabhängiger und identisch normalverteilter Zufallsvariablen $X_1, X_2, ..., X_{n_1}$ mit dem Erwartungswert μ_1 (und der Varianz σ_1^2) und die zweite analog aus Realisierungen von unabhängig und identisch normalverteilten Zufallsvariablen $Y_1, Y_2, ..., Y_{n_2}$ mit dem Erwartungswert μ_2 (und der Varianz σ_2^2), wobei die Zufallsvariablen beider Teilstichproben auch unabhängig sind. Wir beschreiben in diesem Kapitel den t-Test für gleiche und auch für ungleiche Varianzen σ_1^2 und σ_2^2. Man kann dann anhand der beiden Teilstichproben Hypothesentests bezüglich der Erwartungswerte durchführen.

Es wird also ein t-Test für gleiche Varianzen durchgeführt, d.h. es wird hier vorausgesetzt, dass die Varianzen σ_1^2 und σ_2^2 der Zufallsvariablen $X_1, X_2, ..., X_{n_1}$ und $Y_1, Y_2, ..., Y_{n_2}$ gleich sind und es wird aber auch ein Test für ungleiche Varianzen von SPSS ausgegeben.

Zuvor wird ein Test bezüglich der Gleichheit der Varianzen σ_1^2 und σ_2^2 durchgeführt. Damit dürfte der t-Test für gleiche Varianzen nicht verwendet werden, wenn die Hypothese der Gleichheit beider Varianzen verworfen werden kann.

Die Prüfgröße des t-Tests für gleiche Varianzen ist:

$$t = \frac{\overline{x}_1 - \overline{x}_2}{\sqrt{\frac{(n_1 - 1) \cdot s_1^2 + (n_2 - 1) \cdot s_2^2}{n_1 + n_2 - 2} \cdot (1/n_1 + 1/n_2)}}$$

Dabei ist $\overline{x}_i$ der Mittelwert und s_i^2 die empirische Varianz der i-ten Teilstichprobe. Die Prüfgröße t ist (unter H_0) Realisierung einer mit $\upsilon = n_1 + n_2 - 2$ Freiheitsgraden t-verteilten Zufallsvariablen. Der p-Wert für den zweiseitigen Test ist dann:

$$\text{p-Wert} = 2(1 - F_{t_\upsilon}(|t|))$$

Im Beispiel ist $t = -4{,}43129\ldots$ und der p-Wert $\approx 0{,}0044$.

Die Prüfgröße des t-Tests für ungleiche Varianzen ist:

$$t = \frac{\overline{x}_1 - \overline{x}_2}{\sqrt{s_1^2/n_1 + s_2^2/n_2}}$$

Es ist zu beachten, dass die Freiheitsgrade für diesen Test nicht unbedingt eine natürliche Zahl ergeben. Die Prüfgröße t ist eine Realisierung einer (unter H_0) asymptotisch t-verteilten Zufallsvariablen T. Die Freiheitsgrade ν berechnen sich hier wie folgt:

$$\nu = \frac{\left(s_1^2/n_1 + s_2^2/n_2\right)^2}{\dfrac{\left(s_1^2/n_1\right)^2}{n_1 - 1} + \dfrac{\left(s_2^2/n_2\right)^2}{n_2 - 1}}$$

Im Beispiel ist $t = -4{,}43129\ldots$, $\nu = 4{,}85799\ldots$ und der p-Wert $\approx 0{,}007297$. Das der Wert für die Prüfgröße mit dem für gleiche Varianzen übereinstimmt liegt an den gleichen Stichprobenumfängen n_1 und n_2 im Beispiel.

Die Nullhypothese könnte in beiden t-Tests auf einem Niveau von 5% verworfen werden, da beide p-Werte ≤ 0,05 sind.

Zur Burteilung, ob ein t-Test für gleiche oder ungleiche Varianzen verwendet werden kann, gibt SPSS einen p-Wert nach dem Levene-Test mit den Hypothesen

$H_0: \sigma_1^2 = \sigma_2^2$ gegen $H_1: \sigma_1^2 \neq \sigma_2^2$

aus.

4.2 Wilcoxon Rangsummentest

Ein nichtparametrisches Pendant zum t-Test für unverbundene Stichproben ist der Rangsummentest von Wilcoxon, der äquivalent zum Mann-Whitney-U-Test ist. Hier wird die gesamte Verteilung der beiden Gruppen verglichen. Damit kann man untersuchen, ob sich die Mediane der beiden Teil-Stichproben unterscheiden. Das Datenniveau sollte mindestens ordinal sein.

Wie verwenden die folgenden Daten im Beispiel:

v1	v2
25	1
30	1
22	1
23	1
18	1
20	2
15	2
13	2
10	2

Hier wurden 5 Mädchen (v2 = 1) und 4 Jungen (v2 = 2) befragt, die ein Online-Spiel spielen, wie lange sie dies ca. in Minuten pro Tag spielen. Wir wollen untersuchen, ob es hier einen Unterschied zwischen den beiden Gruppen gibt (ob bei diesem Spiel Mädchen oder Jungen hier mehr Zeit bzgl. der Quantile aufwenden).

Wir wählen in SPSS:

→*Analysieren* →*Nichtparametrische Tests* →*Alte Dialogfelder* →*Zwei unabhängige Stichproben*

Testvariable ist Onlinespiel-Zeit (v1) und Gruppierungsvariable ist das Geschlecht (v2). Hier muss man noch auf „Gruppen definieren" klicken und bei Gruppe 1 eine 1 und bei Gruppe 2 eine zwei eintragen.

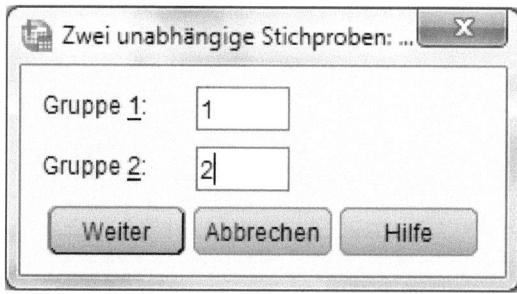

→*Weiter* und →*OK*.

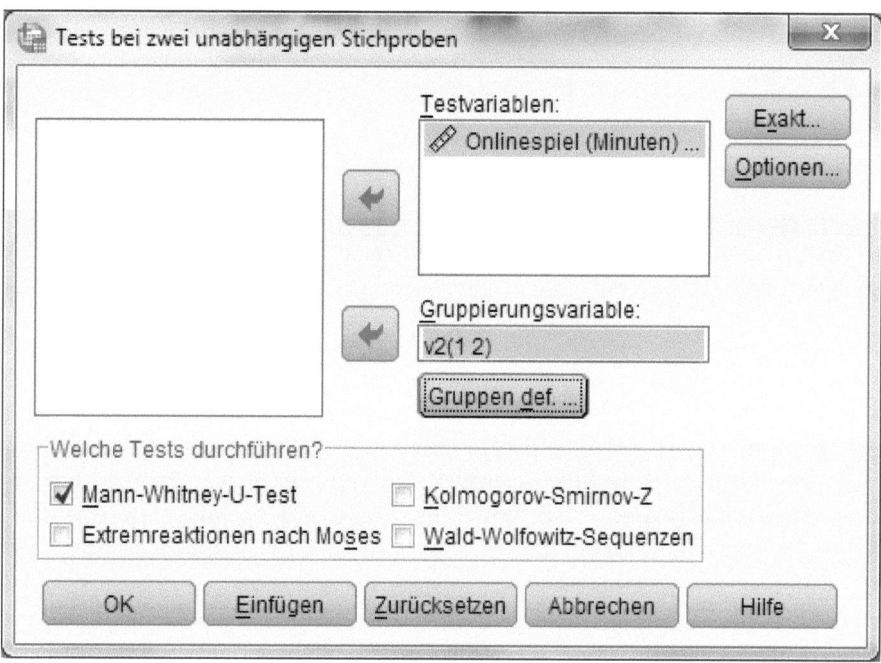

Wählt man unter →*Exakt* den Punkte „Exakt", dann werden auch exakte einseitige Tests ausgegeben. Bei diesen Stichprobenumfängen sollte auch eher der exakte p-Wert verwendet werden.

Ränge

	Geschlecht	H	Mittlerer Rang	Summe der Ränge
Onlinespiel (Minuten)	Mädchen	5	6,80	34,00
	Junge	4	2,75	11,00
	Gesamtsumme	9		

Teststatistiken[a]

	Onlinespiel (Minuten)
Mann-Whitney-U-Test	1,000
Wilcoxon-W	11,000
U	-2,205
Asymp. Sig. (2-seitig)	,027
Exakte Sig. [2*(1-seitige Sig.)]	,032[b]

a. Gruppierungsvariable: Geschlecht

b. Nicht für Bindungen korrigiert.

Bei diesem Test werden Rangzahlen für bei Gruppen zusammen vergeben und danach (siehe unter „für mathematisch Interessierte") wird für jede Gruppe die mittlere Rangzahl berechnet. Bei den Mädchen ergibt sich hier ein Mittelwert der Rangzahlen von 6,8 und bei den Jungen ein Mittelwert von 2,75. Damit sieht man, dass Jungen in dieser Stichprobe im Mittel weniger Zeit mit diesem Spiel verbringen. Ausgegeben wurde der asymptotische p-Wert (0,027) und der exakte p-Wert (0,032). Auf einem Signifikanzniveau von 5% kann man mit beiden p-Werten (da beide kleiner-gleich 0,05 sind) einen signifikanten Unterschied zwischen den Spielzeiten der Mädchen und der Jungen nachweisen.

Bei kleinen Stichproben (wenn die Gesamtstichprobe höchstes 25 Beobachtungen enthält), sollte der exakte Wert verwendet werden.

Alternativ kann man auch →*Analysieren* →*Nichtparametrische Tests* →*Analysieren* →*Unabhängige Stichproben* wählen.

Hier muss dann unter der Rubrik "Felder" bei "Testfeldern" die Spielzeit in Minuten und bei "Gruppen" das Geschlecht ausgewählt werden.

Bei Einstellung kann man Tests anpassen und hier Mann-Whitney-U-Test wählen, der äquivalent zum Wilcoxon Rangsummentest ist.

Danach kann man →*Ausführen wählen*.

Für mathematisch Interessierte:
Wir gehen davon aus, dass zwei Teilstichproben $x_1, x_2, ..., x_{n_1}$ und $y_1, y_2, ..., y_{n_2}$ vorliegen, wobei die erste Teilstichprobe aus Realisierungen von unabhängig und identisch stetig verteilten Zufallsvariablen $X_1, X_2, ..., X_{n_1}$ mit der Verteilungsfunktion F_1 besteht und analog die zweite Teilstichprobe aus Realisierungen von unabhängig und identisch stetig verteilten Zufallsvariablen $Y_1, Y_2, ..., Y_{n_2}$ mit der Verteilungsfunktion F_2. Die Zufallsvariablen beider Teilstichproben sollen auch unabhängig voneinander sein. Bei diesem Test genügt es, wenn das Datenniveau mindestens ordinal ist.

Es werden die folgenden Hypothesen getestet:

H_0: $F_1(z) = F_2(z)$ für alle z
gegen
H_1: $F_1(z) \neq F_2(z)$ für mindestens ein z

Hier ist die eingegebene Stichprobe zu sehen (mit den Rangzahlen):

Stichprobe 1 (x_i)	Rang(x_i)	Stichprobe 2 (y_i)	Rang(y_i)
25	8	20	5
30	9	15	3
22	6	13	2
23	7	10	1
18	4		

Umfang 1. Teilstichprobe (m)	5
Umfang 2. Teilstichprobe (n)	4
Summe der Teilstichprobenumfänge (n+m)	9
Rangsumme erste Teilstichprobe (w)	34
Rangsumme zweite Teilstichprobe	11
E(W)	25
Var(W)	16.666666666667
p-Wert (approximiert [1])	0.0275

[1] Approximierten p-Wert für m+n > 25.

Bei diesem Test werden die Ränge für beide Teilstichproben zusammen vergeben, d.h. man vergibt die Ränge wie für eine große Stichprobe $x_1, x_2, ..., x_{n_1}, y_1, y_2, ..., y_{n_2}$. Die Rangzahlen sind auch in der obigen Tabelle zu sehen.

Man nimmt dann die Rangsumme der ersten Teilstichprobe als Prüfgröße:

$$w = \sum_{i=1}^{n_1} \text{Rang}(x_i)$$

Im Beispiel ist w = 34. Hieraus kann auch die Rangsumme der zweiten Stichprobe berechnet werden, denn es gilt:

$$\sum_{i=1}^{n_1} \text{Rang}(x_i) + \sum_{i=1}^{n_2} \text{Rang}(y_i) = \frac{n(n+1)}{2}$$

$$E(W) = n_1(n+1)/2$$

$$\text{Var}(W) = \frac{n_1 n_2}{12}\left(n+1 - \frac{1}{n(n-1)}\sum_{j=1}^{k} t_j(t_j-1)(t_j+1)\right)$$

Falls keine Bindungen vorkommen, wie in unserem Beispiel, dann gilt:

$$\sum_{j=1}^{k} t_j(t_j-1)(t_j+1) = 0$$

Die Liste der t_j (mit $j = 1, 2, \ldots, k$) enthält im Beispiel nur Einsen, denn es kommen keine Werte mehrfach vor bzw. es sind keine Bindungen vorhanden. Die Werte t_j sind die absoluten Häufigkeiten der Werte der großen Stichprobe $x_1, x_2, \ldots, x_{n_1}, y_1, y_2, \ldots, y_{n_2}$ (siehe Kapitel 2.4).

Im Beispiel ist $E(W) = 25$ und $\text{Var}(W) = 16,\overline{6}$.

Es wird ein approximativer p-Wert ausgegeben, da

$$z = \frac{w - E(W)}{\sqrt{\text{Var}(W)}}$$

asymptotisch standardnormalverteilt ist:

$$\text{p-Wert} = 2(1-F_{N(0,1)}(|z|))$$

Hier sollte $n_1 + n_2 > 25$ sein. Im Beispiel ist p-Wert $\approx 0,027486$. In

Büchern wie z.B. in [3], [8] und [9] findet man Tabellen der exakten Verteilung für den Fall, das keine Bindungen vorliegen.

Bei der Bestimmung der exakten Verteilung müsste man alle n_1-elementigen Teilmengen aus der Menge der Rangzahlen

$$\{Rang(x_1), Rang(x_2), ..., Rang(x_{n_1}), Rang(y_1), Rang(y_2), ..., Rang(y_{n_2})\}$$

ziehen und die Summe über die Elemente dieser Teilmengen bilden. Die relativen Häufigkeiten der Summanden sind gleich die exakten Wahrscheinlichkeiten. Der kleinste Werte, den w annehmen kann, der würde sich ergeben, wenn nur die Zahlen von 1 bis n_1 Rangzahlen der ersten Stichprobe wären. In diesem Falls wäre $w = 1 + 2 + ... + n_1 = n_1(n_1 + 1)/2 = 15$. Den größten Wert für w ergibt sich, wenn in die erste Stichprobe die Rangzahlen von 1 bis n_2 fallen: $w = (n_2 + 1) + (n_2 + 2) + ... + n = n(n + 1)/2 - n_2(n_2 + 1)/2 = 35$. Es folgt die Tabelle der exakten Verteilung von W in unserem Beispiel:

w	P(W = w)	P(W ≤ w)
15	0,0079365	0,0079365
16	0,0079365	0,0158730
17	0,0158730	0,0317460
18	0,0238095	0,0555556
19	0,0396825	0,0952381
20	0,0476190	0,1428571
21	0,0634921	0,2063492
22	0,0714286	0,2777778
23	0,0873016	0,3650794
24	0,0873016	0,4523810
25	0,0952381	0,5476190
26	0,0873016	0,6349206
27	0,0873016	0,7222222
28	0,0714286	0,7936508

w	P(W = w)	P(W ≤ w)
29	0,0634921	0,8571429
30	0,0476191	0,9047619
31	0,0396825	0,9444444
32	0,0238095	0,9682540
33	0,0158730	0,9841270
34	0,0079365	0,9920635
35	0,0079365	1

Der exakte p-Wert im Beispiel ergibt sich dann wie beim Binomialtest:

$$\text{p-Wert} = \min\{2 \cdot P(W \leq 34), 2 \cdot P(W \geq 34), 1\}$$

Es gilt:
$$P(W \leq 34) = 0{,}99263\ldots$$

$$P(W \geq 34) = 1 - P(W \leq 33) = 1 - 0{,}984127\ldots = 0{,}01587\ldots$$

Also gilt: p-Wert = $2 \cdot P(W \geq 34) \approx 0{,}0317$. Somit könnte die Nullhypothese auf einem Signifikanzniveau von 5% verworfen werden, womit es einen signifikanten Unterschied zwischen den beiden Verteilungen F_1 und F_2 gibt.

5 Vergleich zweier verbundener Stichproben

5.1 t-Test für zwei verbundene Stichproben

Hat man Messwerte von denselben Personen zu verschiedenen Zeitpunkte erfasst, z.B. die Reaktionszeit vor und nach dem Trinken von Alkohol, dann liegen abhängige bzw. verbundene (Teil-) Stichproben vor. Hier kann man dann, wie bei t-Tests allgemein, einen Unterschied der Erwartungswerte untersuchen. Die Nullhypothese wäre dann, dass beide Erwartungswerte (vorher und nachher) gleich sind. Die Alternativhypothese lautet, die Erwartungswerte sind unterschiedlich. Also wie beim t-Test für unverbundene Stichproben. Vorausgesetzt wird, wie bei t-Tests üblich, dass die beiden (Teil-) Stichproben normalverteilt sind.

Die Voraussetzungen und die Hypothesen sind dieselben wie beim Zweistichproben t-Test (siehe Kapitel 4.1), nur dass hier die beiden Teilstichproben denselben Umfang haben müssen und verbunden sein können.

Es wurde das Körpergewicht von 5 Personen gemessen (v1). Danach erhielten die Personen 12 Wochen lang kohlehydratreiche Ernährung und es wurde nochmal nach 12 Wochen das Körpergewicht gemessen (v2). Nun soll untersucht werden, ob es einen signifikanten Unterschied zwischen den Körpergewichten gibt.

v1	v2
70	81
75	85
78	81
72	84
71	82

In SPSS kann man nun folgendes auswählen:
→Analysieren →Mittelwerte vergleichen →T-Test bei verbundenen Stichproben

Hier muss man dann das Gewicht vorher (v1) in des Feld unter "Variable 1" ziehen und das Gewicht nachher (v2) unter "Variable 2".

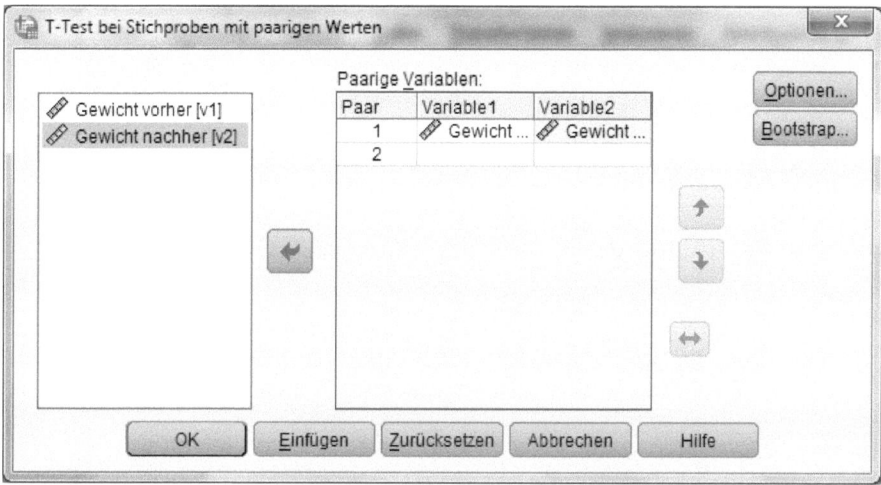

Danach →OK.

Statistik für Stichproben mit paarigen Werten

		Mittelwert	H	Standardabweichung	Standardfehler Mittelwert
Paar 1	Gewicht vorher	73,2000	5	3,27109	1,46287
	Gewicht nachher	82,6000	5	1,81659	,81240

Test für Stichproben mit paarigen Werten

		Paarige Differenzen					t	df	Sig. (2-seitig)
		Mittelwert	Standardabweichung	Standardfehler Mittelwert	95% Konfidenzintervall der Differenz				
					Unterer	Oberer			
Paar 1	Gewicht vorher - Gewicht nachher	-9,40000	3,64692	1,63095	-13,92824	-4,87176	-5,764	4	,004

Es gibt eine Mittelwertsdifferenz von -9,4 (kg), aus Gewicht vorher – Gewicht nachher. Damit gab es eine durchschnittliche Zunahme um 9,4kg. Der p-Wert ist kleiner/gleich 0,05, womit ein signifikanter Unterschied auf einem Signifikanzniveau von 5% nachgewiesen wäre.

Es wird auch ein Test bezüglich der Korrelation der beiden Messreihen ausgegeben, der nicht mit abgedruckt ist. Hier ergibt sich kein signifikanter Zusammenhang (p-Wert: 0,925).

Für mathematisch Interessierte:
Liegen zwei verbundene Stichproben $x_1, x_2, ..., x_n$ und $y_1, y_2, ..., y_n$ vor, dann wird zunächst die Differenzstichprobe $z_i = x_i - y_i$ berechnet und danach wird mit dieser ein Einstichproben t-Test durchgeführt.

Hier sind die eingegebenen Stichproben zu sehen und die Differenz (z_i):

Stichprobe 1 (x_i)	Stichprobe 2 (y_i)	Differenzstichprobe ($y_i - x_i$)
70	81	-11
75	85	-10
78	81	-3
72	84	-12
71	82	-11

Stichprobenumfang n	5
arithmetisches Mittel der Differenzstichprobe	-9.4
geschätzte Varianz der Differenzstichprobe	13.3
geschätzte Standardabweichung der Differenzstichprobe	3.6469165057621
Prüfgröße t (Freiheitsgrade der t-Verteilung: 4)	-5.7635097911587
p-Wert	0.004

5.2 Der Wilcoxon Vorzeichenrangtest für zwei verbundene Stichproben

Analog zum t-Test für zwei verbundene Stichproben gibt es den Wilcoxon Vorzeichenrangtest für zwei verbundene Stichproben. Dieser setzt keine Normalverteilung voraus und es genügt mindestens ordinales Niveau. Man kann hiermit überprüfen, ob es einen signifikanten Unterschied der Mediane der Stichproben gibt.

Wir verwenden dieselben Daten wie beim t-Test für zwei verbundene Stichproben (Kapitel 5.1).

In SPSS wählen wir:
→*Analysieren* →*Nichtparametrische Tests* →*Alte Dialogfelder* →*Zwei verbundene Stichproben*

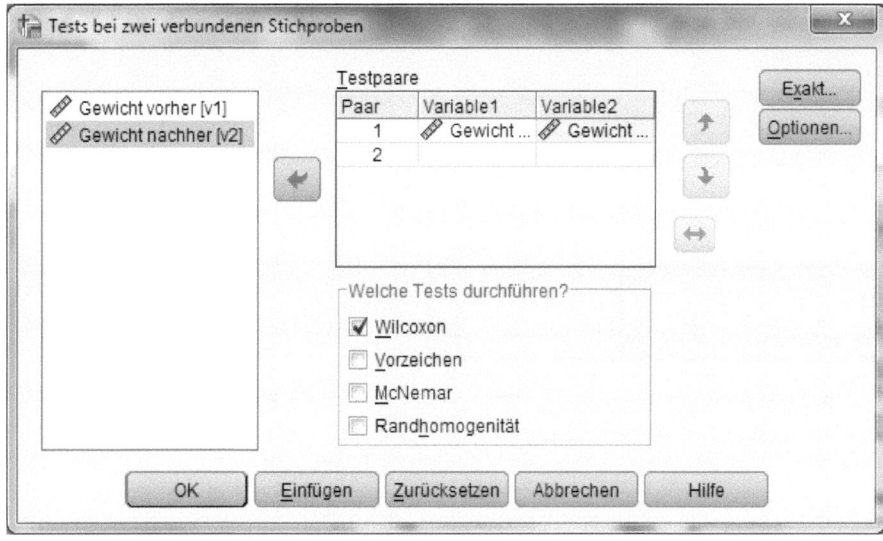

Hier muss man – wie beim t-Test für verbundene Stichproben - das Gewicht vorher (v1) in des Feld unter Variable 1 ziehen und das Gewicht nachher (v2) unter Variable 2.

Danach wählen wir →OK.

Ränge

		H	Mittlerer Rang	Summe der Ränge
Gewicht nachher - Gewicht vorher	Negative Ränge	0^a	,00	,00
	Positive Ränge	5^b	3,00	15,00
	Bindungen	0^c		
	Gesamtsumme	5		

a. Gewicht nachher < Gewicht vorher

b. Gewicht nachher > Gewicht vorher

c. Gewicht nachher = Gewicht vorher

Teststatistiken^a

	Gewicht nachher - Gewicht vorher
U	-2,032^b
Asymp. Sig. (2-seitig)	,042

a. Wilcoxon-Test

b. Basierend auf negativen Rängen.

Wie zusehen ist, kann man einen signifikanten Unterschied zwischen den beiden Gruppen nachweisen (p-Wert asymptotisch: 0,042), wenn man ein Signifikanzniveau von 5% verwendet.

Alternativ kann man auch →*Analysieren* →*Nichtparametrische Tests* →*Analysieren* →*Verbundene Stichproben* wählen.

Hier muss dann unter der Rubrik Felder bei „Testfelder" Gewicht vorher und nachher auswählen.

Bei Einstellung kann man „Tests anpassen" und hier „Vorzeichentest" oder „Wilcoxon Test …" auswählen.

Danach kann man →*Ausführen wählen*.

Für mathematisch Interessierte:
Bezeichnet man die Werte der Variablen v1 mit x_i und die der Variablen v2 mit y_i, dann wird hier zunächst die Differenzstichprobe $z_i = x_i - y_i$ gebildet und danach mit dieser der Vorzeichenrangtest von Wilcoxon für eine Stichprobe durchgeführt.

Zur Durchführung des Vorzeichenrangtests nach Wilcoxon müssen zwei verbundene Teilstichproben vorliegen. Die erste Teilstichprobe besteht aus Realisierungen von unabhängig und identisch stetig verteilter Zufallsvariablen $X_1, X_2, …, X_n$ (mit Median(X_i) = Median$_1$) und analog besteht die zweite Teilstichprobe aus Realisierungen von unabhängig und identisch stetig verteilter Zufallsvariablen $Y_1, Y_2, …, Y_n$ (mit Median(Y_i) = Median$_2$). Bei diesem Test wird die Differenz beider Teilstichproben gebildet und danach wird mit dieser Differenz der Werte der Wilcoxon Vorzeichenrangtest für eine Stichprobe mit folgenden Hypothesen durchgeführt:

H_0: Median = 0 (entspricht der Hypothese Median$_1$ = Median$_2$)
gegen
H_1: Median ≠ 0 (entspricht der Hypothese Median$_1$ ≠ Median$_2$)

6 Lineare Regressionsanalyse

Bemerkung: In diesem Kapitel legen wir bei allen Tests ein Signifikanzniveau von 5% zu Grunde.

Mit Hilfe der Regressionsanalyse kann der Einfluss einer oder mehrerer unabhängiger Variablen $x_1,...,x_k$ auf eine abhängige Variable Y untersucht werden. Im Gegensatz zur Korrelation kann man nicht nur den Einfluss einer auf eine andere Variable untersuchen, man kann ihn auch quantifizieren. Hier gibt es eine einfache lineare Regression (Einfluss nur einer auf eine andere Variable) und eine multiple lineare Regression, wenn man den Einfluss mehrere Variablen auf eine Variable untersuchen möchte.

Z.B. könnte man mit einer einfachen linearen Regression den Einfluss der Körpergröße des Vaters auf die des Sohnes untersuchen. Man erhält dann auch eine Gleichung, z.B. Größe Sohn = 1,1*Größe Vater + 5 für eine Prognose. Bei einer multiplen Regression kann man z.B. den Einfluss der Körpergröße des Vaters und der Mutter (dieses wären dann die unabhängigen Variablen) auf die des Sohnes (wäre die abhängige Variable) untersuchen.

Einfluss heißt nur der Einfluss im Rahmen eines linearen Modells, es wären auch andere Modelle möglich. Deshalb muss man zunächst, wenn man eine Regressionsanalyse mit SPSS erstellt hat, prüfen, ob das Modell angemessen ist. Dazu gibt es das Bestimmtheitsmaß R^2. Dieses kann einen Wert von 0 bis 1 annehmen. Bei 1 gebe es keine Fehler und im einfachen linearen Fall würden alle Punkte auf einer Geraden liegen mit Steigung ungleich 0. Hier sollte der Werte nahe bei 1 liegen, z.B. 0,8 oder 0,7. Bei einem Wert von 0,3 würde das Modell weniger passen. R^2 ist der Anteil der Varianz, der durch das Modell erklärt wird.

Für jede unabhängige Variable wird dann ein Test durchgeführt, ob diese einen Einfluss hat und es wird auch ein globaler F-Test durchgeführt, ob mindestens eine der unabhängigen Variablen einen Einfluss hat (der aber nur im multiplen Fall sinnvoll ist, denn sonst gibt es nur eine unabhängige Variable).

Unsere Stichprobe besteht aus 3 Variablen. Es wurden 10 Personen nach dem Körpergewicht (v1), nach der Körpergröße (v2) und nach dem Alter (v3) gefragt. Wir wollen zunächst in einem einfachen linearen Modell untersuchen, ob es einen Einfluss der Körpergröße auf das Körpergewicht gibt. Danach wird nochmal ein multiples Modell verwendet und untersucht, ob es einen Einfluss der Körpergröße und des Alters auf das Körpergewicht gibt. Bei einer realen Studie würde man direkt das multiple Modell verwenden. Es soll aber hier vorab gezeigt werden, wie man ein einfaches lineares Modell anwendet bzw. wie man die Ausgabe hier interpretiert.

Die Daten:

v1	v2	v3
54	170	20
67	170	21
60	167	22
63	177	23
75	182	23
63	167	24
56	164	25
65	170	25
61	169	26
80	176	27

6.1 Erstes Beispiel zur einfachen linearen Regression

Wir wollen nun mit Hilfe der linearen Regressionsanalyse den Einfluss der Körpergröße (v2) auf das Gewicht (v1) untersuchen. In diesem Beispiel handelt es sich somit um eine einfache lineare Regression. Im nächsten Kapitel führen wir dann eine multiple lineare Regression durch, wir beginnen nur aus didaktischen Gründen mit einem einfachen linearen Modell. In einer realen Studie sollte man nie zweimal mit denselben Daten verschiedene Modelle anwenden, sondern neue Daten verwenden.

Wir wählen: →*Analysieren* →*Regression* →*Linear*

Unter „Abhängige Variable" wählen wir das Körpergewicht (v1) und unter „Unabhängige Variable(n)" wählen wir die Körpergröße (v2).

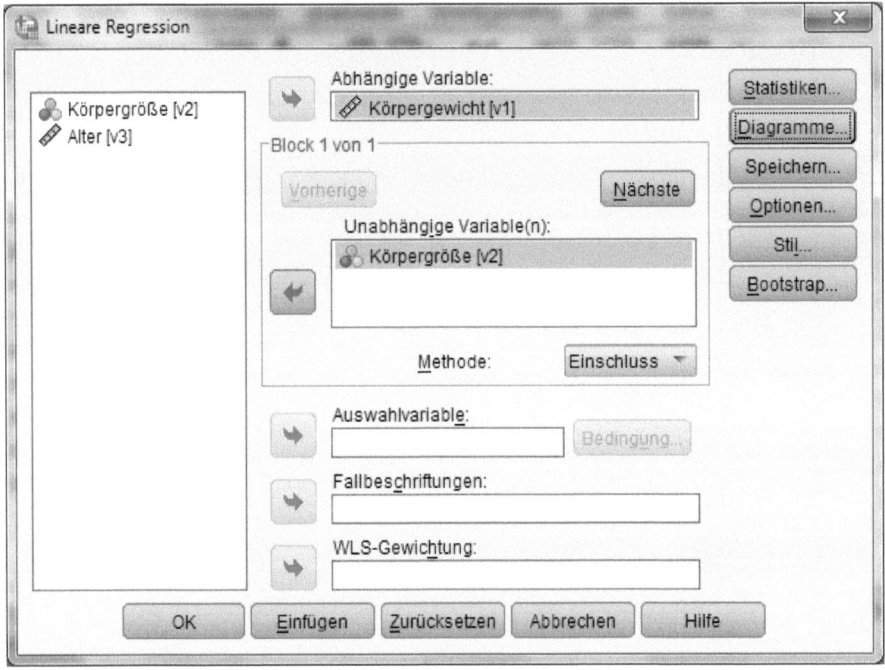

Danach wählen wir →*OK*.

Modellübersicht

Modell	R	R-Quadrat	Angepasstes R-Quadrat	Standardfehler der Schätzung
1	,716[a]	,512	,452	5,927

a. Prädiktoren: (Konstante), Körpergröße

ANOVA[a]

Modell		Quadratsumme	df	Mittel der Quadrate	F	Sig.
1	Regression	295,389	1	295,389	8,409	,020[b]
	Residuum	281,011	8	35,126		
	Gesamtsumme	576,400	9			

a. Abhängige Variable: Körpergewicht

b. Prädiktoren: (Konstante), Körpergröße

Koeffizienten[a]

Modell		Nicht standardisierte Koeffizienten		Standardisierte Koeffizienten	t	Sig.
		B	Standardfehler	Beta		
1	(Konstante)	-114,801	61,824		-1,857	,100
	Körpergröße	1,047	,361	,716	2,900	,020

a. Abhängige Variable: Körpergewicht

Das Modell passt mit einem Bestimmtheitsmaß von R^2 gleich 0,512 nicht gerade gut. Wenn man das Modell verwenden würde, dann ist der Steigungsparameter (β_1), der vor der Körpergröße steht (letzte Zeile in der Ausgabe unter "B") signifikant von Null verschieden ist. Damit gibt es einen signifikanten Einfluss der Körpergröße auf das Körpergewicht. Die Gleichung, die sich durch das Regressionsmodell ergibt lautet

Körpergewicht = β_1*Körpergröße + β_0 + Fehler

Im der Ausgabe stehen die Schätzer für die Parameter β_1 und β_0. Damit ergibt sich folgende Gleichung für eine Prognose:

Körpergewicht = 1,047*Körpergröße – 114,801

Wenn nun eine Person 180 (cm) groß ist, dann würde folgendes Gewicht für diese prognostiziert werden (das wäre das mittlere Gewicht einer Person dieser Größe nach dem geschätzten Modell):

Körpergewicht = 1,047*180 – 114,801 = 73,659 (kg)

Im Beispiel ist, wie erwähnt, der Parameter β_1 (d.h. die Steigung der Regressionsgeraden) signifikant von Null verschieden (0,020 ≤ 0,05), während der Parameter β_0 (der Achsenabschnitt der Regressionsgeraden) nicht signifikant von Null verschieden ist (0,100 > 0,05). Da die Steigung signifikant ungleich Null ist, konnte ein signifikanter Einfluss der Körpergröße (v2) auf das Körpergewicht (v1) nachgewiesen werden. Der Achsenabschnitt spielt hier keine Rolle.

Unter ANOVA sieht man noch mal ganz rechts denselben p-Wert wie für den Test bezüglich des einzigen Steigungsparameters:

H_0: $\beta_1 = 0$ gegen
H_1: $\beta_1 \neq 0$.

Hier wird der globale F-Test durchgeführt, der die Nullhypothese, alle Steigungsparameter sind gleich Null, gegen die Alternativhypothese, dass es mindestens einen von Null verschiedenen Steigungsparameter gibt, testet. Im einfachen linearen Fall gibt es nur einen Steigungsparameter, deshalb steht hier auch derselbe p-Wert wie für den Test bezgl. β_1. Bei einer multiplen Regression ist dieser Test interessant, denn dann man kann sehen, ob im Rahmen des Modells überhaupt ein signifikanter Einfluss einer Variable nachweisbar ist.

Graph

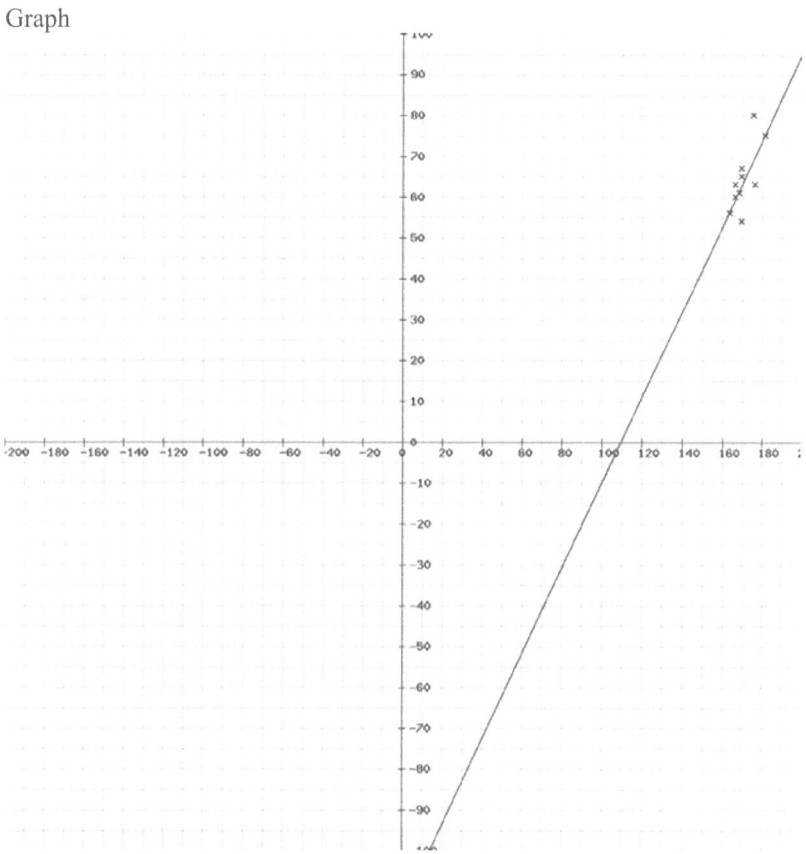

Für mathematisch Interessierte:
Es wird an dieser Stelle gleich der multiple Fall beschrieben. Mit Hilfe der Regressionsanalyse kann der Einfluss einer oder mehrerer unabhängiger Variablen $x_1,...,x_k$ auf eine abhängige Variable Y untersucht werden. Hierbei liegt allgemein das folgende Modell zu Grunde:
$$Y = f(x_1,...,x_k) + E.$$

Falls es nur eine unabhängige Variable gibt, spricht man von der einfachen linearen Regression und sonst von der multiplen linearen Regression. E ist hierbei eine Zufallsvariable, welche wir als normalverteilt ansehen mit der Varianz σ^2 und dem Erwartungswert 0. Im Fall der linearen Regressionsanalyse ist f eine lineare Funktion:

$$f(x_1,...,x_k) = \beta_0 + \beta_1 x_1 + ... + \beta_k x_k.$$

Die Aufgabe der Regressionsanalyse ist es nun, die unbekannten Parameter $\beta_0, \beta_1, ..., \beta_k$ zu schätzen, Tests bezüglich dieser Parameter durchzuführen, sowie die Güte des gewählten Modells zu beurteilen.

Die Schätzung der Parameter kann über die Methode der kleinsten Quadrate durchgeführt werden. Dabei werden die Parameter so geschätzt, dass die Abweichungsquadrate minimal werden:

Gesucht wir das Minimum von

$$Q(\beta_0, \beta_1, ..., \beta_k) = \sum_{i=1}^{n} (y_i - (\beta_0 + \beta_1 x_{i1} + ... + \beta_k x_{ik}))^2 \;.$$

Dazu müssen zunächst mindestens n = k+1 Beobachtungen $(x_{i1}, x_{i2}, ..., x_{ik}, y_i)$ gegeben sein.

Im Fall der einfachen linearen Regression (d.h. für k = 1) liegen nur Wertepaar (x_{i1}, y_i) bzw. (x_i, y_i) vor und hier ergibt sich das Minimum mit folgenden Schätzern (wenn n ≥ 2 und falls mindestens zwei x-Werte verschieden sind, d.h. $x_i \neq x_j$ für $i \neq j$) für die beiden Parameter:

$$\hat{\beta}_1 = \frac{s_{xy}}{s_x^2}$$

$$\hat{\beta}_0 = \bar{y} - \hat{\beta}_1 \cdot \bar{x}$$

In Matrix-Vektor-Schreibweise wird das Ganze etwas übersichtlicher. Das Modell stellt sich hier wie folgt dar:

$$\vec{Y} = X\vec{\beta} + \vec{E}$$

X ist die Designmatrix mit k+1 Spalten und n (= Anzahl der Beobachtungen) Zeilen. In der ersten Spalte stehen nur Einsen. In der zweiten Spalte stehen die Beobachtungen der ersten unabhängigen Variablen, in der dritten die der zweiten unabhängigen Variablen, bis zur (k+1)-ten Spalte, wo die Beobachtungen der k-ten unabhängigen Variablen stehen. In unserem Modell gehen wir davon aus, dass X nicht stochastisch ist. $\vec{\beta}$ ist der unbekannte Parametervektor mit k+1 Komponenten und $\vec{E}$ der normalverteilte Zufallsvektor mit dem Erwartungswert $\vec{0}$ und der Varianz-Kovarianzmatrix σ^2 I (I ist die Einheitsmatrix mit n Zeilen und Spalten). Somit werden die einzelnen Komponenten des Zufallsvektors $\vec{E}$ als paarweise unkorreliert vorausgesetzt.

Die zu minimierende Funktion Q hat dann die folgende Gestalt:

$$Q(\vec{\beta}) = (\vec{y} - X\vec{\beta})^T \cdot (\vec{y} - X\vec{\beta})$$

Der Schätzvektor ergibt sich dann (falls die Spalten von X linear unabhängig sind) durch:

$$\hat{\vec{\beta}} = (X^T X)^{-1} X^T \vec{y}$$

Es gilt im Beispiel:

$$\bar{y} = \begin{pmatrix} 54 \\ 67 \\ 60 \\ 63 \\ 75 \\ 63 \\ 56 \\ 65 \\ 61 \\ 80 \end{pmatrix} \quad \text{und} \quad X = \begin{pmatrix} 1 & 170 \\ 1 & 170 \\ 1 & 167 \\ 1 & 177 \\ 1 & 182 \\ 1 & 167 \\ 1 & 164 \\ 1 & 170 \\ 1 & 169 \\ 1 & 176 \end{pmatrix}.$$

Über die Methode der kleinsten Quadrate bestimmen wir den Schätzer b für den unbekannten Parametervektor $\bar{\beta}$. Damit diese Schätzung möglich ist, wird die Designmatrix X als spaltenregulär vorausgesetzt, denn sonst existiert die Inverse von X^TX nicht. Wäre dies nicht der Fall, wäre mindestens eine Spalte der Designmatrix von den anderen abhängig. Diese Spalte, beziehungsweise mindestens eine unabhängige Variable, könnte dann aus der Modellgleichung eliminiert werden. Im Beispiel gilt (siehe Ausgabe unter "B"):

$$\hat{\bar{\beta}} = (X^TX)^{-1}X^T\bar{y} \approx \begin{pmatrix} -114{,}801 \\ 1{,}04674 \end{pmatrix}$$

Im nächsten Schritt betrachten wir die drei Quadratsummen zur Varianzzerlegung (ANOVA). Es gilt

$$SST = SSR + SSE,$$

mit

$$SST = \sum_{i=1}^{n}(y_i - \bar{y})^2, \quad \bar{y} = \frac{1}{n}\sum_{i=1}^{n}y_i,$$

$$SSE = \sum_{i=1}^{n}(y_i - (\hat{\beta}_0 + \hat{\beta}_1 x_{i1} + \ldots + \hat{\beta}_k x_{ik}))^2 = Q(\hat{\bar{\beta}}) \quad \text{und}$$

$$\text{SSR} = \sum_{i=1}^{n} (\bar{y} - (\hat{\beta}_0 + \hat{\beta}_1 x_{i1} + \ldots + \hat{\beta}_k x_{ik}))^2 \; .$$

Wir bezeichnen hier die Quadratsummen mit großen Buchstaben (wie auch R^2), obwohl es sich um die Realisierungen und nicht um die Zufallsvariablen handelt. Dabei ist SSE (Sum of Squares due to Error) die Fehlerquadratsumme, SST (Sum of Squares Total) die Gesamtstreuung der Werte der abhängigen Variablen und SSR (Sum of Squares due to Regression) die Quadratsumme der Abweisungen der Funktionswerte der geschätzten Regressionsfunktion vom arithmetischen Mittel der Werte der abhängigen Variablen. Mit dieser kann man prüfen, in wie weit die unabhängigen Variablen einen Einfluss auf die abhängige Variable haben.

Im Beispiel gilt:

$$\text{SSE} = 281{,}011\ldots$$

$$\text{SSR} = 295{,}388\ldots$$

$$\text{SST} = 576{,}4$$

Mit den Quadratsummen SSR und SST kann das Bestimmtheitsmaß R^2 berechnet werden. R^2 gibt uns den Anteil der Varianz an, die das gewählte Regressionsmodell im Verhältnis zur Gesamtvarianz erklärt. Das Bestimmtheitsmaß kann nur Werte zwischen 0 und 1 annehmen. Je größer das Bestimmtheitsmaß ist, umso besser ist die Anpassung des gewählten Regressionsmodells. Im Falle der einfachen linearen Regression ist das Bestimmtheitsmaß gleich dem Quadrat des empirischen Korrelationskoeffizienten zwischen der abhängigen und der unabhängigen Variable. Die Modellparameter sollten nur interpretiert werden, wenn das Bestimmtheitsmaß nicht zu klein ist, da sonst das gewählte Regressionsmodell nicht passend ist.

Es gilt:

$$R^2 = SSR/SST$$

Im Beispiel ist $R^2 = 0{,}51247\ldots$.

Tests bezüglich der Modellparameter:

Nachdem die Parameter geschätzt wurden, ist von Interesse, ob die Komponenten des Parametervektors $\bar{\beta}$ signifikant von Null verschieden sind. Das heißt, wir testen die

Nullhypothese: $\beta_i = 0$

gegen die

Alternativhypothese: $\beta_i \neq 0$.

Kann bei der i-ten Komponente (β_i) die Nullhypothese verworfen werden, so hat die i-te unabhängige Variable einen signifikanten Einfluss auf die abhängige Variable (hier sind nur die Steigungsparameter von Interesse, d.h. $i > 0$). Allgemein ist β_0 der Achsenabschnitt, die Komponente β_1 ist die Steigung bezüglich der ersten unabhängigen Variablen im Modell (im einfachen linearen Fall ist diese die einzige), β_2 ist die Steigung bezüglich der zweiten unabhängigen Variablen, u.s.w.. Die Variablen, die keinen signifikanten Einfluss haben, können unter Umständen aus der Modellgleichung gestrichen werden (bei einer multiplen Regression). Für weitere Untersuchungen und zur Bestätigung müsste dann eine weitere Regressionsanalyse ohne diese Variablen und mit neuen Daten durchgeführt werden.

Für diesen Test verwendet man die Quadratsummen der Varianzzerlegung. Es sei im Folgenden sei r = k + 1 (r ist hier nicht der Korrelationskoeffizient (!)). Es gilt:

SSE/(n - r) ist ein Schätzer für die Varianz der Fehler σ^2, also

$$\hat{\sigma}^2 = SSE/(n - r).$$

Im Beispiel ist $\hat{\sigma}^2 = 35{,}12639\ldots$.

Sei $\vec{B}$ der Zufallsvektor, dessen Realisierung $\hat{\vec{\beta}}$ ist, dann gilt

$$E(\vec{B}) = \vec{\beta} \text{ und } Var(\vec{B}) = \sigma^2 (X^T X)^{-1}.$$

Somit kann man Prüfgrößen für den obigen Test bezüglich der Modellparameter definieren:

$$t_i = \frac{\hat{\beta}_i - 0}{\sqrt{a_{ii}}},$$

wobei a_{ii} das i-te (i = 0, 1, …, k) Hauptdiagonalelement der Matrix

$$A = \hat{\sigma}^2 (X^T X)^{-1}$$

ist, einer Schätzmatrix für $Var(\vec{B})$. Die Indizierung beginnt also bei 0, analog der Indizierung der Komponenten von $\vec{B}$ und $\vec{\beta}$.

Dabei sind (wie immer unter H_0) die t_i Realisierungen von t-verteilten Zufallsvariablen mit n - r Freiheitsgraden. Also kann H_0 auf einem Signifikanzniveau von α verworfen werden, wenn gilt:

$$F_{t_{n-r}}(|t_i|) \geq 1 - \alpha/2 \Leftrightarrow \alpha \geq 2(1 - F_{t_{n-r}}(|t_i|)) = p - \text{Wert}_i$$

Der globale F-Test:
Mit der in diesem Unterkapitel berechneten Prüfgröße f wird der globale F-Test durchgeführt. Mit ihm kann untersucht werden, ob mindestens ein Steigungsparameter (also ein Parameter β_i mit $i \geq 1$) signifikant von Null verschieden ist. Wir testen also die

Nullhypothese: $\beta_i = 0$ für alle $i \geq 1$

gegen die

Alternativhypothese: $\beta_i \neq 0$ für mindestens ein $i \geq 1$.

Bei der einfachen linearen Regressionsanalyse ist dieser Test identisch mit dem t-Test zur Regressionsanalyse und der

Nullhypothese: $\beta_1 = 0$

gegen die

Alternativhypothese: $\beta_1 \neq 0$,

da es nur einen Steigungsparameter gibt. Dieser Test wird deshalb eigentlich erst bei der multiplen linearen Regression benötigt, da man hier zeigen kann, dass mindestens eine der unabhängigen Variablen im Modell einen Einfluss auf die abhängige Variable hat.

Für diesen Test verwendet man die Quadratsummen der Varianzzerlegung. Es sei wobei r wieder die Anzahl der Spalten von X ist ($r = k + 1$), dann gilt (wie immer unter H_0):

1) SSE/σ^2 ist Realisierung einer Chi-Quadrat-verteilten Zufallsvariablen mit $n - r$ Freiheitsgraden.

2) SSR/σ^2 ist Realisierung einer Chi-Quadrat-verteilten Zufallsvariablen mit r - 1 Freiheitsgraden.

3) SST/σ^2 ist Realisierung einer Chi-Quadrat-verteilten Zufallsvariablen mit n - 1 Freiheitsgraden.

Es folgt damit:
$$f = \frac{SSR/(r-1)}{SSE/(n-r)}$$

ist Realisierung einer F-verteilten Zufallsvariablen mit r - 1 und n - r Freiheitsgraden und somit Prüfgröße des F-Tests. Die Nullhypothese wird dann verworfen, wenn $f \geq F^{-1}_{F_{r-1,n-r}}(1-\alpha)$, bzw. wenn

$$\text{p-Wert} = 1 - F_{F_{r-1,n-r}}(f) \leq \alpha \ .$$

Im Beispiel ist f = 8,4093… und p-Wert ≈ 0,0199. β_1 ist also, wie bereits gezeigt, signifikant von Null verschieden (p-Wert ≤ 0,05).

6.2 Zweites Beispiel zur multiplen linearen Regression

Wir verwenden die Daten aus Kapitel 6.1 und wollen nun mit Hilfe der linearen Regressionsanalyse den Einfluss der Körpergröße (v2) und des Alters (v3) auf das Gewicht (v1) untersuchen.

In SPSS gehen wir genau so vor, wie bei der einfachen linearen Regression und wählen:

→*Analysieren* →*Regression* →*Linear*

Unter „Abhängige Variable" wählen wir das Körpergewicht (v1) und unter „Unabhängige Variablen" wählen wir die Körpergröße (v2) und das Alter (v3). Danach erhält man die Ausgabe mit →*OK*.

Modellübersicht

Modell	R	R-Quadrat	Angepasstes R-Quadrat	Standardfehler der Schätzung
1	,819[a]	,671	,577	5,204

a. Prädiktoren: (Konstante), Alter, Körpergröße

ANOVA[a]

Modell		Quadratsumme	df	Mittel der Quadrate	F	Sig.
1	Regression	386,849	2	193,424	7,143	,020[b]
	Residuum	189,551	7	27,079		
	Gesamtsumme	576,400	9			

a. Abhängige Variable: Körpergewicht

b. Prädiktoren: (Konstante), Alter, Körpergröße

Koeffizientena

Modell	Nicht standardisierte Koeffizienten		Standardisierte Koeffizienten	t	Sig.
	B	Standardfehler	Beta		
1 (Konstante)	-147,037	57,046		-2,578	,037
Körpergröße	1,037	,317	,709	3,272	,014
Alter	1,435	,781	,398	1,838	,109

a. Abhängige Variable: Körpergewicht

An den p-Werten sieht man, dass man nur einen signifikanten Einfluss der Körpergröße auf das Körpergewicht nachweisen kann (p-Wert = 0,014 ≤ 0,05), nicht aber des Alters (p-Wert = 0,109 > 0,05). Das Bestimmtheitsmaß beträgt 0,671 und ist etwas besser als bei der einfachen linearen Regression (wobei es mit jeder neuen unabhängigen Variable im Modell sowieso ansteigt).

Noch einmal die Parameter im Detail betrachtet: In diesem Modell ist ebenfalls der Parameter β_1 (dieser Parameter erfasst die Steigung der Regressionsgeraden bezüglich der Körpergröße) signifikant von Null verschieden (0,014 ≤ 0,05), während β_2 (dieser Parameter erfasst die Steigung der Regressionsfunktion bezüglich des Alters) nicht signifikant von Null verschieden (0,109 > 0,05) ist. Der Parameter β_0 (der Achsenabschnitt der Regressionsfunktion) ist signifikant von Null verschieden (0,037 ≤ 0,05). Da β_1 signifikant ungleich Null ist, kann ein signifikanter Einfluss der Körpergröße (v2) auf das Gewicht v1 nachgewiesen werden, während kein signifikanter Einfluss des Alters (v3) nachgewiesen werden kann. Bei dem globalen F-Test kommt man zu dem Ergebnis, dass mindestens ein Steigungsparameter (d.h. ein β_i für i > 0) signifikant ungleich Null ist (0,020 ≤ 0,05), was sich bereits bestätigt hat.

Für mathematisch Interessierte:
Auf die gleiche Art wie die einfache lineare Regression wird nun die multiple lineare Regression durchgeführt. Hierzu wird einfach nur die Designmatrix mit der Spalte, in der die Altersangaben stehen, erweitert. Der Rest verläuft analog (mit gleichem Vektor $\bar{y}$ wie im vorhergehenden Kapitel):

$$X = \begin{pmatrix} 1 & 170 & 20 \\ 1 & 170 & 21 \\ 1 & 167 & 22 \\ 1 & 177 & 23 \\ 1 & 182 & 23 \\ 1 & 167 & 24 \\ 1 & 164 & 25 \\ 1 & 170 & 25 \\ 1 & 169 & 26 \\ 1 & 176 & 27 \end{pmatrix}$$

$$\hat{\bar{\beta}}(X^tX)^{-1}X^T\bar{y} \approx \begin{pmatrix} -147{,}037 \\ 1{,}03715 \\ 1{,}43543 \end{pmatrix}$$

Die Komponenten dieses Vektors findet man in der Ausgabe wieder unter „B". Die Teile der Ausgabe wurden schon im vorhergehenden (Unter-) Kapitel mathematisch beschrieben.

7 Vergleich mehrerer unverbundener Stichproben

7.1 Die einfaktorielle Varianzanalyse

Die einfaktorielle Varianzanalyse ist eine Verallgemeinerung des t-Tests für unabhängige Stichproben in dem Sinne, dass man beim t-Test nur die Erwartungswerte zweier Gruppen vergleichen kann. Bei der Varianzanalye kann man aber mehr als zwei Gruppen vergleichen. Es gibt auch eine Repeated Measurements ANOVA, für Messwiederholungen, analog zum t-Test bei verbundenen Stichproben. Es geht hier um den Vergleich der Erwartungswerte von mehreren Gruppen. Das Verfahren heißt zwar Varianzanalyse, der Name kommt aber daher, das Streuung verglichen werden (innerhalb der Gruppe und zwischen den Gruppen) und daraus eine Prüfgröße bestimmt wird, mit der man einen Unterschied der Erwartungswerte der Gruppen untersuchen kann. Wenn man einen signifikanten Unterschied nachgewiesen hat, kann man zunächst nicht sagen, zwischen welchen Gruppen dieser besteht. Hier müsste man dann "Post Hoc" multiple Vergleiche durchführen (die von SPSS im Menü zur Varianzanalyse angeboten werden).

Man kann die Varianzanalyse auch als lineares Modell interpretieren:
Die einfaktorielle Varianzanalyse dient der Untersuchung des Einflusses einer kategorieller (bzw. nichtmetrischer) Variablen, die die Gruppenzugehörigkeit beschreibt, auf eine (oder im multivariaten Fall auf mehrere) abhängige metrische Variable. Die Daten der abhängigen Variablen müssen innerhalb der Gruppen aus normalverteilten Grundgesamtheiten stammen, mit den selben Erartungswerten innerhalb der Gruppen und insgesamt gleichen Varianzen (Varianzhomogenität). Im Rahmen der Varianzanalyse soll also untersucht werden, ob die Gruppenzugehörigkeit einen Einfluss auf die Erwartungswerte hat, d.h. ob die Gruppen aus Grundgesamtheiten mit unterschiedlichen Erwartungswerten stammen.

Bei k Gruppen kann im Rahmen der Varianzanalyse

$H_0: \mu_1 = \mu_2 = ... = \mu_k = \mu$
gegen
H_1: Es existiert ein $j \in \{1,2,...,k\}$ mit $\mu_j \neq \mu$ (d.h. mindestens eine Gruppe hat einen anderen Erwartungswert)

getestet werden.

Wir beginnen mit unserem Beispiel. Drei Gruppen von jeweils 5 Personen wurden mit jeweils einer Unterrichtsmethode unterrichtet. Gemessen wurde eine metrische Größe, die wir als Testleistung bezeichnen. Da diskret gemessen wurde, kann nur "näherungsweise" von einer Normalverteilung ausgegangen werden, da die Normalverteilung eine stetige Verteilung ist (praktisch kann sowieso nur diskret gemessen werden, selbst bei theoretisch stetigen Größen). Wir haben also k = 3 Teilstichproben (Subpopulationen) mit jeweils gleichen Teilstichprobenumfängen ($n_1 = n_2 = n_3 = 5$) vorliegen, was im Allgemeinen jedoch nicht notwendig ist (die Stichprobenumfänge können sich auch unterscheiden). Wir wollen nun einen Unterschied in den Testleistungen zwischen den Gruppen nachweisen. Unser Beispiel stellt eine einfaktorielle Varianzanalyse dar, denn wir wollen den Einfluss eines einzigen Faktors (die Gruppenzugehörigkeit) auf die Testleistung nachweisen. Es folgen die Daten des Beispiels:

Test-Leistung Gruppe 1	Test-Leistung Gruppe 2	Test-Leistung Gruppe 3
10	8	4
15	12	8
14	7	6
12	9	7
8	14	5

Eingegeben werden müssen die Daten so (v1: Testleitung, v2: Gruppenzugehörigkeit):

v1	v2
10	1
15	1
14	1
12	1
8	1
8	2
12	2
7	2
9	2
14	2
4	3
8	3
6	3
7	3
5	3

In SPSS wählen wir:
→*Analysieren* →*Mittelwerte vergleichen* →*Einfaktorielle Varianzanalyse*

Unter Abhängige Variable muss v1, also die Zeit in Sekunden gewählt werden und unter Faktor die Gruppenvariable v2.

Unter →*Post Hoc* kann man zusätzlich einen paarweise Vergleich durchführen lassen, denn wenn die Variazanalyse eine signifianten unterschied zwichen den Gruppen nachweist, weiß man nicht, zwischen welchen Gruppen. Wir können unter "Post Hoc" Bonferroni wählen und dann →*Weiter* und →*OK*. Bei Bonferroni wird ein multipler Vergleich der Gruppen mit t-Tests durchgeführt, wobei Aufgrund der Mehrfachvergleiche der p-Wert korrigiert wird.

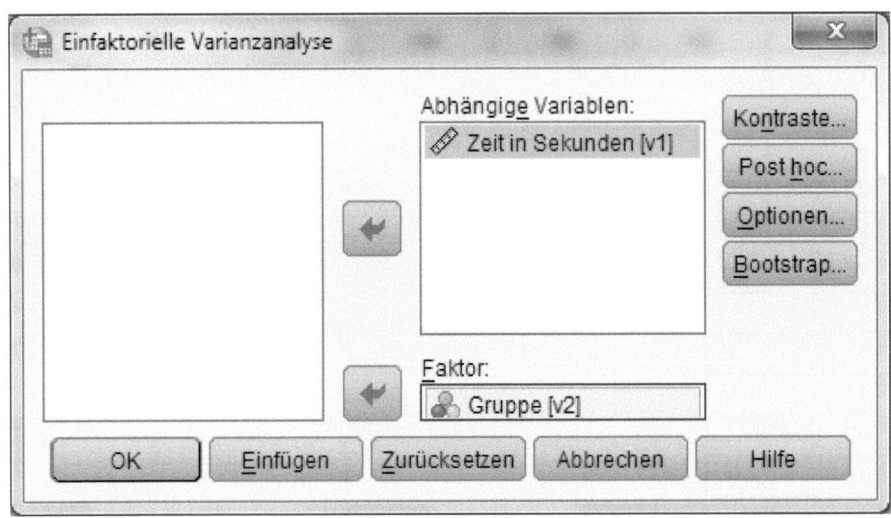

ANOVA

Zeit in Sekunden

	Quadratsumme	df	Mittel der Quadrate	F	Sig.
Zwischen Gruppen	88,133	2	44,067	6,885	,010
Innerhalb der Gruppen	76,800	12	6,400		
Gesamtsumme	164,933	14			

Wir betrachten nun den p-Wert des F-Tests (unter ANOVA), der einen Wert von 0,010 hat. Daneben (links) können die Quadratsummen und mittleren Quadratsummen mit Freiheitsgraden gesehen werden, die die Grundlage zur Berechnung des p-Wertes darstellen. Auf einem Signifikanzniveau von 5% (dieses legen wir in diesem Kapitel zugrunde) kann ein signifikanter Unterschied der Erwartungswerte mindestens zwischen zwei Gruppen nachweisen werden. Nun weiß man aber nicht, welche Gruppen sich im Einzelnen unterschieden. Dazu dient der Mehrfachvergleich.

Mehrfachvergleiche

Abhängige Variable: Zeit in Sekunden

Bonferroni

(I) Gruppe	(J) Gruppe	Mittelwertdifferenz (I-J)	Standardfehler	Sig.	95 % Konfidenzint. Untergr.	Obergr.
1	2	1,800	1,600	,848	-2,65	6,25
	3	5,800*	1,600	,010	1,35	10,25
2	1	-1,800	1,600	,848	-6,25	2,65
	3	4,000	1,600	,084	-,45	8,45
3	1	-5,800*	1,600	,010	-10,25	-1,35
	2	-4,000	1,600	,084	-8,45	,45

*. die Mittelwertdifferenz ist auf der Stufe 0.05 signifikant.

Hier sieht man die Mittelwertsdifferenzen zwischen den Gruppen. Es gibt hier nur einen signifikanten Unterschied zwischen der 1. und 3. Gruppe (p-Wert: 0,010, Mittelwertsdifferenz 5,8). Zwischen der 1. und 2. Gruppe (p-Wert: 0,848, Mittelwertsdifferenz 1,8) und zwischen der 2. und 3. Gruppe (p-Wert: 0,084, Mittelwertsdifferenz 4,0) gibt es keinen signifikanten Unterschied.

Es sollte bei der Anwendung der Varianzanalyse darauf geachtet werden, dass die Teilstichprobengrößen der Gruppen nicht zu klein sind.

Für mathematisch Interessierte:

Die Daten mit den einzelnen Mittelwerten in den Gruppen:

	Teilstichprobe 1	Teilstichprobe 2	Teilstichprobe 3
Beobachtung 1	10	8	4
Beobachtung 2	15	12	8
Beobachtung 3	14	7	6
Beobachtung 4	12	9	7
Beobachtung 5	8	14	5
Teilstichprobenumfänge n_j	5	5	5
Mittelwerte der Teilstichproben	11.8	10	6

Es sei y_{ij} die i-te Beobachtung (i = 1, 2, ..., n_j) in der j-ten Gruppe (j = 1, 2, ..., k). Es wird bei der Varianzanalyse vorausgesetzt, dass die Werte y_{ij} Realisierungen von unabhängigen, normalverteilten zufälligen Größen Y_{ij} sind, mit dem Erwartungswert μ_j und der Varianz σ^2. Die Verteilungsvoraussetzungen sind also kurz: $Y_{ij} \sim N(\mu_j, \sigma^2)$. Im Beispiel ist y_{ij} die Testleistung der i-ten Person in der j-ten Gruppe. Der Gesamtstichprobenumfang ist:

$$n = n_1 + n_2 + ... + n_k$$

Falls die Normalverteilungsvoraussetzung nicht erfüllt ist (dies kann z.B. mit dem Kolmogorov-Smirnov-Test überprüft werden), so kann ein nichtparametrisches Verfahren verwendet werden (z.B. Kruskal-Wallis, siehe Kapitel 7.4).

Wie Sie oben erkennen können, müssen auch die Varianzen der Teilstichproben alle gleich σ^2 sein. Diese Voraussetzung der Varianzhomogenität wird auch als Homoskedastizität bezeichnet.

Die Varianzanalyse trägt ihren Namen von dem in der klassischen Varianzanalyse gemachten Ansatz der Streuungszerlegung. Dabei wird die Gesamtstreuung (SST) der Beobachtungen y_{ij} um das Gesamtmittel zerlegt in die Summe aus der Streuung zwischen den Gruppen (SSB) und der Streuung innerhalb der Gruppen (SSW).

Bei dem moderneren Ansatz der Varianzanalyse wird ein so genanntes lineares Modell formuliert, mit dem Vorteil, dass man nicht nur, wie in der klassischen Varianzanalyse, einen Einfluss der Faktorvariablen auf die Responsevariablen qualitativ nachweisen kann, sondern darüber hinaus diesen Einfluss sogar quantitativ beschreiben kann. Dabei können Unterschiede auch mit so genannten „allgemeinen linearen Hypothesen" überprüft werden.

Auf Grund der Verteilungsvoraussetzungen lassen sich die Y_{ij} folgendermaßen darstellen:

$$Y_{ij} = \mu_j + E_{ij}, \text{ mit } E_{ij} \sim N(0, \sigma^2) \text{ für } i = 1, ..., n_j \text{ und } j = 1, ..., k.$$

Die unabhängigen Zufallsvariablen E_{ij} sind die Fehlerterme bzw. Residuen.

Analog zur Regressionsanalyse verwendet man bei der einfaktoriellen Varianzanalyse ebenfalls die Varianzzerlegung um über diese einen F-Test durchführen zu können

$$SST = SSW + SSB,$$

mit

$$SST = \sum_{j=1}^{k} \sum_{i=1}^{n_j} (y_{ij} - \bar{y})^2, \quad \bar{y} = \frac{1}{n} \sum_{j=1}^{k} \sum_{i=1}^{n_j} y_{ij},$$

$$SSW = \sum_{j=1}^{k} \sum_{i=1}^{n_j} (y_{ij} - \bar{y}_j)^2, \quad \bar{y}_j = \frac{1}{n_j} \sum_{i=1}^{n_j} y_{ij} \text{ und}$$

$$SSB = \sum_{j=1}^{k} n_j (\bar{y}_j - \bar{y})^2.$$

Die Bezeichnungen stehen für: SST = Sum of Squares Total,

SSW = Sum of Squares within Groups (entspricht SSE bei der Regressionsanalyse), SSB = Sum of Squares between Groups.

Es gilt:
1) SSW/σ^2 ist Realisierung einer Chi-Quadrat-verteilten Zufallsvariablen mit n - k Freiheitsgraden.
2) SSB/σ^2 ist Realisierung einer Chi-Quadrat-verteilten Zufallsvariablen mit k - 1 Freiheitsgraden.
3) SST/σ^2 ist Realisierung einer Chi-Quadrat-verteilten Zufallsvariablen mit n - 1 Freiheitsgraden.

Es folgt damit:
$$f = \frac{SSB/(k-1)}{SSW/(n-k)}$$

ist Realisierung einer F-verteilten Zufallsvariablen mit k - 1 und n - k Freiheitsgraden und somit Prüfgröße des F-Tests. Die Nullhypothese wird dann verworfen, wenn $f \geq F^{-1}_{F_{k-1,n-k}}(1-\alpha)$, bzw. wenn

$$\text{p-Wert} = 1 - F_{F_{k-1,n-k}}(f) \leq \alpha \,.$$

Im Beispiel ist f = 6,885..... und p-Wert ≈ 0,010 ≤ 0,05, womit sich auf einem Signifikanzniveau von 5% mindestens zwei Teilstichproben hinsichtlich der Erwartungswerte unterscheiden.

Im nächsten Kapitel gehen wir auf die Möglichkeit der Verwendung von linearen Modellen im Rahmen der Varianzanalyse ein und wie diese mit der klassischen Varianzanalyse zusammenhängen. Dieser Teil ist für mathematisch Interessierte geschrieben. Möchte man lineare Modelle in SPSS anwenden, kann man →*Analysieren* →*Allgemeines Lineares Modell* →*Univariat* wählen. Unter "Feste Faktoren" kann man dann eine oder mehrere (für mehrfaktorielle Varianzanalysen) Gruppenvariablen wählen.

7.2 Modellgleichung im linearen Modell für mathematisch Interessierte

Man kann die Varianzanalyse, wie beschrieben, auch in einem linearen Modell darstellen. Im univariaten einfaktoriellen Fall lautet die Gleichung des linearen Modells in Komponentenschreibweise:

(*) $Y_{ij} = \beta_0 + \beta_j + E_{ij}$, mit $i = 1, ..., n_j$ und $j = 1, ..., k$.

In unserem Beispiel ist $k = 3$ und $n_j = 5$.

Es folgt für die oben eingeführten Parameter β_0 und β_j:

$$\beta_0 = \mu = \frac{1}{k}\sum_{j=1}^{k}\mu_j \text{ und } \beta_j = \mu_j - \mu.$$

Hieraus ergibt sich die so genannte Reparametrisierungsbedingung:

$$\sum_{j=1}^{k}\beta_j = 0$$

Die Hypothesen der Varianzanalyse lauten:

(1) $H_0: \mu_1 = \mu_2 = ... = \mu_k = \mu$

gegen

$H_1:$ Es existiert ein $j \in \{1,2,...,k\}$ mit $\mu_j \neq \mu$

Bezogen auf das <u>lineare Modell</u> lauten die Hypothesen:

(2) $H_0: \beta_j = 0$ für $j \in \{1,...,k\}$

gegen

$H_1: \beta_j \neq 0$ für mindestens ein $j \in \{1,...,k\}$.

Bei der Verwendung eines linearen Modells ist folgendes zu beachten: Man kann sowohl ein Modell unter Einbeziehung von β_0 (mit „Achsenabschnitt" bzw. mit Konstante), als auch ein Modell ohne diesen Achsenabschnitt verwenden. Bei einem Modell mit Achsenabschnitt sind die Hypothesen (1) und (2) äquivalent. Rechnet man aber mit einem Modell ohne Achsenabschnitt (Modellgleichung: $Y_{ij} = \mu_j + E_{ij} = \beta_j + E_{ij}$), so gilt: $\mu_j = \beta_j$, womit die beiden Hypothesen nicht mehr äquivalent sind. Die Nullhypothese (2) wäre dann äquivalent zur Hypothese, dass alle Erwartungswerte μ_j gleich Null sind, gegen die Alternativhypothese, dass mindestens ein Erwartungswert ungleich Null ist.

Zusammenfassend gilt: In einem Modell mit Achsenabschnitt ist die Hypothese (2) äquivalent zur Hypothese (1).

In Matrix Vektor Schreibweise lautet das lineare Modell allgemein:

$$\vec{Y} = X\vec{\beta} + \vec{E}$$

Der hierin auftretende Vektor $\vec{Y}$ ergibt sich dadurch, dass die zufälligen Größen Y_{ij} derart untereinander angeordnet werden, dass sie folgenden Spaltenvektor bilden:

$$\vec{Y} = (Y_{11}, Y_{21},..., Y_{n_1 1}, Y_{12}, Y_{22},..., Y_{n_2 2},......, Y_{n_k k})^T$$

In unserem Beispiel hat die Designmatrix die folgende Gestalt, wie man mit der Gleichung (*) erkennen kann:

$$X = \begin{pmatrix} 1 & 1 & 0 & 0 \\ 1 & 1 & 0 & 0 \\ 1 & 1 & 0 & 0 \\ 1 & 1 & 0 & 0 \\ 1 & 1 & 0 & 0 \\ 1 & 0 & 1 & 0 \\ 1 & 0 & 1 & 0 \\ 1 & 0 & 1 & 0 \\ 1 & 0 & 1 & 0 \\ 1 & 0 & 1 & 0 \\ 1 & 0 & 0 & 1 \\ 1 & 0 & 0 & 1 \\ 1 & 0 & 0 & 1 \\ 1 & 0 & 0 & 1 \\ 1 & 0 & 0 & 1 \end{pmatrix}$$

Der Vektor $\vec{\beta}$ hat vier Komponenten:

$$\vec{\beta} = \begin{pmatrix} \beta_0 \\ \beta_1 \\ \beta_2 \\ \beta_3 \end{pmatrix}$$

Die erste Spalte der Designmatrix X enthält aufgrund des verwendeten Achsenabschnitts β_0 nur Einsen. Die zweite Spalte enthält jeweils eine Eins in der Zeile, in der die Komponente des Vektors $\bar{y}$ eine Beobachtung der ersten Gruppe enthält. Es stehen somit $n_1 = 5$ Einsen oben in der zweiten Spalte. Danach folgen Nullen. Analog enthält die dritte Spalte in den Zeilen Einsen, in denen die Komponente des Vektors $\bar{y}$ eine Beobachtung der zweiten Gruppe enthält und sonst nur Nullen u.s.w..

Hier tritt nun das Problem auf, dass die Designmatrix X von vorne herein nicht mehr, wie bei Regressionsanalyse, spaltenregulär ist. Wie Sie sehen, ergibt sich die erste Spalte als Summe der zweiten bis vierten Spalte. Wir können das Problem lösen, indem wir eine Spalte der Designmatrix, z.B. die erste, die nur aus Einsen besteht, streichen. Dies führt zu einem Modell ohne Achsenabschnitt, wie bereits beschrieben. Man könnte z.B. auch die letzte Spalte streichen. Dabei bleibt dann der Achsenabschnitt in der Modellgleichung erhalten. Je nachdem, wie man hier vorgeht, ist der Parametervektor $\bar{\beta}$ (der dann natürlich eine Komponente weniger enthält) auf eine andere Art zu interpretieren. Streicht man die erste Spalte der Designmatrix, dann enthält der Schätzer für den unbekannten Parametervektor die jeweiligen Gruppenmittelwerte (als Schätzer für die entsprechenden Erwartungswerte). Im zweifaktoriellen Fall müssten entsprechend zwei Spalten gestrichen werden. Auf diese Möglichkeiten, eine spaltenreguläre Designmatrix zu erzeugen, gehen wir gleich noch genauer ein.

Wir gehen außerdem davon aus, dass die Werte in der Designmatrix voreingestellt (d.h. nicht stochastisch) sind. Es handelt sich also um eine Varianzanalyse mit festen Effekten. Dies ist in unserem Beispiel der Fall, da wir drei Gruppen von Personen gewählt haben und nicht zufällig drei Gruppen entstanden sind. Die einzige stochastische Größe auf der rechten Seite der Modellgleichung ist also der Fehler(zufalls)vektor $\bar{E}$, dessen Komponenten E_{ij}, wie bereits beschrieben, normalverteilt sind mit dem Erwartungswert 0 und der Varianz σ^2. Da die Komponenten von $\bar{E}$ paarweise stochastisch unabhängig sind gilt: $\text{Var}(\bar{E}) = \sigma^2 I$

Kommen wir nun zur Parameterschätzung. Den Parametervektor $\bar{\beta}$ schätzen wir (wie bei der Regression) über die Methode der kleinsten Quadrate, d.h. wir verwenden denjenigen Vektor $\hat{\bar{\beta}}$ als Schätzer, der die folgende Funktion Q minimiert:

$$Q(\bar{\beta}) = (\bar{y} - X\bar{\beta})^T (\bar{y} - X\bar{\beta})$$

Mit den Methoden der Analysis kann gezeigt werden, (wie bei der Regressionsanalyse) dass

$$\hat{\bar{\beta}} = (X^T X)^{-1} X^T \bar{y}$$

die Funktion Q minimiert, falls $X^T X$ positiv definit ist. Dies gilt immer, falls X spaltenregulär ist.

In unserem Beispiel sieht die Designmatrix X in einem Modell ohne Achsenabschnitt wie folgt aus:

$$X = \begin{pmatrix} 1 & 0 & 0 \\ 1 & 0 & 0 \\ 1 & 0 & 0 \\ 1 & 0 & 0 \\ 1 & 0 & 0 \\ 0 & 1 & 0 \\ 0 & 1 & 0 \\ 0 & 1 & 0 \\ 0 & 1 & 0 \\ 0 & 1 & 0 \\ 0 & 0 & 1 \\ 0 & 0 & 1 \\ 0 & 0 & 1 \\ 0 & 0 & 1 \\ 0 & 0 & 1 \end{pmatrix}$$

Es folgt die Schätzung des unbekannten Parametervektors $\bar{\beta}$ durch mit Hilfe der Methode der kleinsten Quadrate:

$$\hat{\bar{\beta}} = (X^T X)^{-1} X^T \bar{y} \approx \begin{pmatrix} 11,8 \\ 10 \\ 6 \end{pmatrix}$$

Wie bereits beschrieben, gäbe es mehrere Möglichkeiten der Verwendung einer spaltenregulären Designmatrix.

Eine Möglichkeit (wir bezeichnen die Möglichkeit der Streichung der ersten Spalte der ursprünglich nicht spaltenregulären Designmatrix als die erste Methode), eine spaltenreguläre Designmatrix zu erhalten, besteht darin, die folgende Kodierung vorzunehmen:

$X_{i0} = 1$, d.h. die erste Spalte enthält nur Einsen.

$$X_{ij} = \begin{cases} 1 & \text{, falls die Beobachtung in der } i-\text{ten Zeile von } \bar{y} \text{ der } j-\text{ten } (j=1,2,...,k-1) \text{ Gruppe angehört} \\ 0 & \text{, falls die Beobachtung in der } i-\text{ten Zeile von } \bar{y} \text{ nicht der } j-\text{ten } (j=1,2,...,k-1) \text{ Gruppe angehört} \\ -1 & \text{, falls die Beobachtung in der } i-\text{ten Zeile von } \bar{y} \text{ der } k-\text{ten Gruppe angehört} \end{cases}$$

Diese Kodierung ergibt sich durch die Reparametrisierungsbedingung:

$$\sum_{j=1}^{k} \beta_j = 0 \Leftrightarrow -\sum_{j=1}^{k-1} \beta_j = \beta_k$$

Der Vorteil dieser Kodierung liegt darin, dass man auch bei zweifaktoriellen Modellen eine spaltenreguläre Designmatrix erhält, was beim Streichen der ursprünglich ersten Spalte nicht der Fall ist. Bei der Kodierung der zweiten Faktorvariablen kann dann analog vorgegangen werden.

In unserem Beispiel würde sich mit der oberen Kodierung die folgende Designmatrix ergeben:

$$(3) \quad X = \begin{pmatrix} 1 & 1 & 0 \\ 1 & 1 & 0 \\ 1 & 1 & 0 \\ 1 & 1 & 0 \\ 1 & 1 & 0 \\ 1 & 0 & 1 \\ 1 & 0 & 1 \\ 1 & 0 & 1 \\ 1 & 0 & 1 \\ 1 & 0 & 1 \\ 1 & -1 & -1 \\ 1 & -1 & -1 \\ 1 & -1 & -1 \\ 1 & -1 & -1 \\ 1 & -1 & -1 \end{pmatrix}$$

Und $\hat{\vec{\beta}} = (X^T X)^{-1} X^T \bar{y}$ ergäbe:

$$\hat{\vec{\beta}} \approx \begin{pmatrix} 9{,}267 \\ 2{,}533 \\ 0{,}733 \end{pmatrix}$$

Eine weitere Möglichkeit für die Wahl einer Designmatrix wäre die, dass man die letzte Spalte der ursprünglichen Designmatrix streicht:

$$X = \begin{pmatrix} 1 & 1 & 0 \\ 1 & 1 & 0 \\ 1 & 1 & 0 \\ 1 & 1 & 0 \\ 1 & 1 & 0 \\ 1 & 0 & 1 \\ 1 & 0 & 1 \\ 1 & 0 & 1 \\ 1 & 0 & 1 \\ 1 & 0 & 1 \\ 1 & 0 & 0 \\ 1 & 0 & 0 \\ 1 & 0 & 0 \\ 1 & 0 & 0 \\ 1 & 0 & 0 \end{pmatrix}$$

Mit dieser Designmatrix ergibt sich der folgende Schätzer:

$$\hat{\vec{\beta}} \approx \begin{pmatrix} 6 \\ 5{,}8 \\ 4 \end{pmatrix}$$

7.3 Bemerkung zur zweifaktoriellen Varianzanalyse

Möchte man beispielsweise den Einfluss des Geschlechtes auf das Einkommen untersuchen, liegt ein einfaktorieller Fall vor. Wenn man aber den Einfluss des Geschlechts und der Schulbildung auf das Einkommen untersuchen möchte, so liegt ein zweifaktorieller Fall vor. Wie bei der Regressionsanalyse kann man dann sehen, welcher Faktor einen signifikanten Einfluss hat (nur dass hier jeweils F-Tests verwendet werden).

Man könnte sogar ein dreifaktorielles Modell anwenden, wenn man noch die Region oder Branche als Faktor verwendet und man kann auch Wechselwirkungen beispielsweise zwischen dem Geschlecht und der Schulbildung untersuchen.

Für mathematisch Interessierte:
Der zweifaktoriellen Varianzanalyse ohne Wechselwirkungen liegt das folgende lineare Modell zu Grunde:

$$Y_{ijm} = \mu + \alpha_i + \beta_j + E_{ijm} \text{ mit } 1 \leq m \leq n_{ij}$$

α_i erfasst den Einfluss der i-ten Kategorie (i = 1,..., a) des ersten Faktors und β_j erfasst den Einfluss der j-ten Kategorie (j = 1,..., b) des zweiten Faktors. Die Annahmen sind die gleichen, wie bei der einfaktoriellen Varianzanalyse. Wir haben das Modell gleich allgemein für unbalancierte Daten definiert (die Stichprobenumfänge der Subpopulationen können unterschiedlich groß sein). Im zweifaktoriellen Fall lauten die Reparametrisierungsbedingungen:

$$\sum_{i=1}^{a} \alpha_i = 0 \Leftrightarrow -\sum_{i=1}^{a-1} \alpha_i = \alpha_a \text{ bzw. } \sum_{j=1}^{b} \beta_j = 0 \Leftrightarrow -\sum_{j=1}^{b-1} \beta_j = \beta_b$$

Fasst μ und die Komponenten α_i und β_j zu dem Vektor $\vec{\beta} = (\alpha_1, \alpha_2, ..., \alpha_{a-1}, \beta_1, \beta_2, ..., \beta_{b-1})^T$ zusammen, und definiert man die Designmatrix X über die Reparametrisierungsbedingung, so enthält die erste Spalte nur Einsen und die nächsten a-1 Spalten werden analog dem einfaktoriellen Modell kodiert, als dort bei der Definition der Designmatrix die Reparametrisierungsbedingungen verwendet wurden. Dann folgen b-1 Spalten für die Kodierung der Kategorien des zweiten Faktors, ebenfalls analog zum einfaktoriellen Modell (als dort die Reparametrisierungsbedingungen verwendet wurden). Dabei verwenden wir wieder den Trick, dass sich (wie oben zu sehen) jeweils die Parameter für die letzte Kategorie durch die der anderen ausdrücken lassen.

Berücksichtigt man Wechselwirkungsterme $\alpha\beta_{ij}$, so lautet die Modellgleichung wie folgt:

$$Y_{ijk} = \mu + \alpha_i + \beta_j + \alpha\beta_{ij} + E_{ijk},$$

mit 1, 2, ..., n_{ij}, i = 1, 2, ..., a und j = 1, 2, ..., b.

Die E_{ijk} sind wieder u.i. normalverteilt mit dem Erwatungswert Null und der selben Varianz. Ein Modell mit Wechselwirkungen nennt man auch saturiertes Modell. Für die Wechselwirkungsterme lauten die Reparametrisierungs-bedingungen:

$$\sum_{i=1}^{a} \alpha\beta_{ij} = 0 \Leftrightarrow -\sum_{i=1}^{a-1} \alpha\beta_{ij} = \alpha\beta_{aj} \quad , \text{ für } j = 1, 2, .., b \text{ bzw.}$$

$$\sum_{j=1}^{b} \alpha\beta_{ij} = 0 \Leftrightarrow -\sum_{j=1}^{b-1} \alpha\beta_{ij} = \alpha\beta_{ib} \quad , \text{ für } i = 1, 2, .., a \text{ .}$$

7.4 Der Kruskal-Wallis Test

Der Test von Kruskal und Wallis, auch H-Test genannt, ist ein Test, mit dem man die Verteilungen von unverbundenen Teilstichproben auf Unterschiede untersuchen kann. Diesen Test kann man damit als Ersatz für die einfaktorielle Varianzanalyse verwenden, wenn die Daten in den Gruppen nicht normalverteilt sind oder das Datenniveau nur ordinal wäre (der H-Test setzt mindestens ordinales Niveau voraus).

Mit dem H-Test kann man dann untersuchen, ob sich die Verteilungen zwischen den Gruppen signifikant unterscheiden (wie beim Wilcoxon Rangsummentest, nur dass der H-Test auch für mehr als zwei Gruppen geeignet ist). Hier kann man damit untersuchen, ob sich die Gruppenmediane signifikant unterscheiden. Der H-Test gehört zu den nichtparametrischen Verfahren und basiert auf Rangzahlen.

Kommen wir zu den Daten in unserem Beispiel (diese müssen wie in Kapitel 7.1 eingegeben werden, es sind unverbundene Stichproben):

Zeit G1	Zeit G2	Zeit G3
8,7	17,1	17,5
1,1	15,3	9
4,9	14,5	11,3
3,8	12	20,2
7,5	5,8	16,3
16,7	9,3	16,7

Bei der Eingabe in SPSS müssen alle Zeiten untereinander in einer Variablen v1 erfasst werden und daneben jeweils die Gruppennummer (1, 2 oder 3) in einer Variable v2. Es wurden die Zeiten erfasst, wie lange eine Person in Sekunden für eine bestimmte Aufgabe benötigt. Dabei wurden drei Gruppen von Personen getestet, die drei verschiedene Kurse belegt hatten. Die Gruppengrößen sind hier gleich, was aber nicht sein muss.

Wir wählen:
→*Analysieren* →*Nichtparametrische Tests* →*Alte Dialogfelder* → *k unabhängige Stichproben*

Hier muss man nun unter "Testvariable(n)" die Zeit in Sekunden (v1) und unter "Gruppierungsvariable" die Gruppe (v2) auswählen.

Danach muss noch der Bereich der Gruppierungsvariable festgelegt werden. Dazu klicken Sie auf „Bereich definieren" und geben bei Minimum eine 1 (Gruppe 1 wurde mit 1 kodiert) und bei Maximum eine 3 ein.

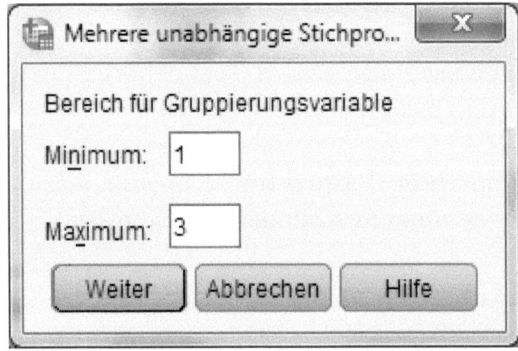

Nun können Sie →*Weiter* anklicken und danach →*OK*.

Wie Sie sehen, ist der Kruskal-Wallis Test voreingestellt worden. Wenn man überprüfen möchte, ob die Mediane abfallend oder steigend sind (von Gruppe zu Gruppe), dann kann man auch den Jonckheere-Terpstra Test verwenden.

Alternativ kann man auch →*Analysieren* →*Nichtparametrische Tests* →*Analysieren* →*Unabhängige Stichproben* wählen.

Hier muss man unter der Rubrik Felder bei "Testfeldern" die Zeit in Sekunden (v1) und bei "Gruppen" die Gruppenvariable v2 wählen.

Bei Einstellung kann man „Tests anpassen" und hier „Einfaktorielle ANOVA nach Kruskal-Wallis" auswählen. Hier werden dann auch noch "Post Hoc" paarweise Vergleiche der Gruppen durchgeführt. Danach kann man →*Ausführen wählen*.

Am p-Wert (unten sehen wir gleich den asymptotischen p-Wert: 0,037 und danach auch zusätzlich den exakten p-Wert: 0,029) kann man sehen, dass auf einem Signifikanzniveau von 5% ein signifikanter Unterschied zwischen den Gruppen besteht (H_0 kann bei einem Fehler 1.Art von α = 5% verworfen werden, p-Wert ≤ 5% = 0,05).

Ränge

	Gruppe	H	Mittlerer Rang
Zeit in Sekunden	1	6	5,25
	2	6	10,17
	3	6	13,08
	Gesamtsumme	18	

Teststatistiken[a,b]

	Zeit in Sekunden
Chi-Quadrat	6,606
df	2
Asymp. Sig.	,037

a. Kruskal-Wallis-Test

b. Gruppierungsvariable: Gruppe

Es wurde ein asymptotischer p-Wert berechnet (neben Asymp. Sig.). Hätte man im Menü, welches oben zu sehen ist, →*Exakt* gewählt und dort im Menü auf Exakt geklickt, würde auch der exakte p-Wert berechnet werden.

Teststatistiken[a,b]

	Zeit in Sekunden
Chi-Quadrat	6,606
df	2
Asymp. Sig.	,037
Exakte Sig.	,029
Punktwahrscheinlichkeit	,000

a. Kruskal-Wallis-Test

b. Gruppierungsvariable: Gruppe

In der obigen Ausgabe sind auch die mittleren Rangzahlen der Gruppen zu sehen. Diese war bei der Gruppe 1 an kleinsten (5,25) und bei der Gruppe 3 am größten (13,08). Wenn man nun untersuchen möchte, welche Gruppen sich im Einzelnen signifikant unterscheiden, müsste ein "Post Hoc" Verfahren abgewendet werden.

Für mathematisch Interessierte:
Der Test von Kruskal und Wallis, auch H-Test genannt, ist ein Test, mit dem man die Verteilungen von Teilstichproben auf Unterschiede untersuchen kann. Bei diesem Test geht man davon aus, dass g Teilstichproben mit nicht notwendigerweise gleichen Teilstichprobenumfängen vorliegen. Die j-te Teilstichprobe soll aus Realisierung x_{1j}, x_{2j}, ..., $x_{n_j j}$ von unabhängig und identisch verteilten Zufallsvariablen X_{1j}, X_{2j}, ..., $X_{n_j j}$ mit der stetigen Verteilungsfunktion F_j bestehen. Die Teilstichproben sollen nicht verbunden sein, d.h. auch die Zufallsvariablen X_{ij} mit i = 1, 2, ..., n_j und j = 1, 2, ..., g sind (paarweise) unabhängig, die zu verschiedenen Teilstichproben gehören. Es genügt für diesen Test, wenn das Datenniveau mindestens ordinal ist.

Allgemein werden folgende Hypothesen getestet:

H_0: $F_1(z) = F_2(z) = ... = F_g(z)$ für alle z
gegen
H_1: nicht alle g Verteilungen sind gleich für mindestens ein z

D.h.:
H_0: Die Verteilungsfunktionen aller Teilstichproben[1] sind identisch
gegen
H_1: Es existieren (mindestens) zwei Teilstichproben[1] mit unterschiedlichen Verteilungsfunktionen

[1] Bemerkung: Gemeint sind hier die (theoretischen) Teilstichproben der Zufallsvariablen.

Die Stichproben und die Rangzahlen:

	Teilstichprobe 1 (Rangzahl in Klammern)	Teilstichprobe 2 (Rangzahl in Klammern)	Teilstichprobe 3 (Rangzahl in Klammern)
Beobachtung 1	8.7 (6)	17.1 (16)	17.5 (17)
Beobachtung 2	1.1 (1)	15.3 (12)	9 (7)
Beobachtung 3	4.9 (3)	14.5 (11)	11.3 (9)
Beobachtung 4	3.8 (2)	12 (10)	20.2 (18)
Beobachtung 5	7.5 (5)	5.8 (4)	16.3 (13)
Beobachtung 6	16.7 (14.5)	9.3 (8)	16.7 (14.5)
Teilstichprobenumfänge n_j	6	6	6
Rangsummen	31.5	61	78.5

Umfang Gesamtstichprobe n	18
H-Statistik	6.599415204678
H-Statistik bei Bindungen	6.606232782369
approximativer p-Wert (Freiheitsgrade Chi-Quadrat-Verteilung: 2)	0.0368

Im Beispiel sind die Teilstichprobenumfänge n_j alle gleich, was aber nicht notwendig ist. Zunächst werden hier wie beim Rangsummentest von Wilcoxon die Ränge für alle Teilstichproben zusammen vergeben. Der kleinste Wert aller Teilstichproben ist 1,1 und kommt einmal vor, womit diese Beobachtung den Rang 1 erhält. Es kommt nur ein Wert doppelt vor, das ist die 16,7.

Wir stellen die Stichprobe noch mal allgemein dar:
Die erste Teilstichprobe ist $x_{11}, x_{21}, ..., x_{n_1 1}$, die zweite Teilstichprobe ist $x_{12}, x_{22}, ..., x_{n_2 2}$ und die letzte ist die g-te Teilstichprobe $x_{1g}, x_{2g}, ..., x_{n_g g}$. Diese Teilstichproben werden also wie eine einzige Stichprobe betrachtet und dann die Ränge vergeben. Es sei

$r_{ij} = \text{Rang}(x_{ij})$ mit $i = 1, 2, \ldots, n_j$ und $j = 1, 2, \ldots, g$.

Die Rangsumme der j-ten Teilstichprobe (wenn diese durch n_j dividiert wird, ergibt sich der mittlerer Rang aus der Ausgabe):

$$r_j = \sum_{i=1}^{n_j} \text{Rang}(x_{ij})$$

Die Liste der t_j (mit $j = 1, 2, \ldots, k$) enthält nur Einsen, bis auf eine 2 für den doppelt vorkommenden Wert. Im Beispiel ist $k = 3 \cdot 6 - 1 = 17$, da sich die Länge dieser Liste für jeden Wert, der sich wiederholt, um 1 reduziert (siehe Kapitel 2.4).

Nun kommen wir zur Berechnung der Prüfgröße h. Für deren Berechnung benötigen wir die Erwartungswerte der einzelnen R_j (deren Realisierungen die Rangsummen r_j sind):

$$E(R_j) = \frac{n_j(n+1)}{2}$$

Hiermit ergibt sich die Prüfgröße h:

$$h = \frac{12}{n(n+1)} \sum_{j=1}^{g} \frac{1}{n_j}(r_j - E(R_j))^2 = \frac{12}{n(n+1)} \sum_{j=1}^{g} \frac{r_j^2}{n_j} - 3(n+1)$$

Bei Bindungen sollte h korrigiert werden:

$$h^* = \frac{h}{1 - \dfrac{1}{n(n-1)(n+1)} \sum_{j=1}^{k} t_j(t_j - 1)(t_j + 1)}$$

h bzw. h* ist eine Realisierung einer (wie immer unter H_0) asymptotisch, Chi-Quadrat- verteilten zufälligen Größe mit g - 1 Freiheitsgraden, womit wir den p-Wert berechnen können. In der Praxis sollten aber, da wir mit dem Test über die asymptotische Verteilung den p-Wert berechnen, die Teilstichprobenumfänge größer oder gleich 5 und mindestens 3 Teilstichproben vorhanden sein.

Der p-Wert berechnet sich dann über (treten keine Bindungen auf ist h = h*):

$$\text{p-Wert} = 1 - F_{\chi^2_{g-1}}(h^*)$$

Wie anhand des p-Wertes zu sehen ist, kann die Nullhypothese der Gleichheit der Verteilungen verworfen werden. Wir haben somit einen signifikanten Unterschied zwischen den Teilstichproben nachgewiesen.

Im Beispiel ist h = 6,5994..., h* = 6,6062... und p-Wert ≈ 0,0368. Somit kann man auf einem Signifikanzniveau von 5% einen Unterschied zwischen mindestens zwei Teilstichproben bgl. deren Verteilung nachweisen. In Büchern wie z.B. in [3], [8] und [9] findet man Tabellen der exakten Verteilung für den Fall, dass keine Bindungen vorliegen.

8 Vergleich mehrerer verbundener Stichproben

8.1 Friedman Rang-Varianzanalyse

Der Test von Friedman ist ein Analogon zur Varianzanalyse, nur dass dieser Test nichtparametrisch ist und deshalb im Gegensatz zur Varianzanalyse keine Normalverteilung voraussetzt (nur wieder mindestens ordinales Niveau). Außerdem geht man hier von g Teilstichproben gleichen Umfangs n aus, die verbunden sein können.

Dabei könnte es sich beispielsweise um eine Studie zur Untersuchung der Gewichtsveränderung von n Personen handeln, von denen die Körpergewichte zu g Zeitpunkten vorliegen. Wir gehen allgemein vom Modell der doppelten Varianzanalyse aus:

$$X_{ij} = \mu + \alpha_i + \beta_j + E_{ij}, \text{ mit } i = 1, 2, ..., n \text{ und } j = 1, 2, ..., g.$$

X_{ij} ist die i-te Beobachtung der j-ten Teilstichprobe. E_{ij} sind die Fehlervariablen, die nicht, wie bei der Varianzanalyse, normalverteilt sein müssen. Die Zufallsvariablen E_{1j}, E_{2j}, ..., E_{nj} werden als unabhängig und identisch stetig verteilt vorausgesetzt, d.h. die Zufallsvariablen E_{ij} sind innerhalb der j-ten Teilstichprobe unabhängig und identisch stetig verteilt. α_i ist der Effekt der i-ten Beobachtung und β_j der Effekt der j-ten Gruppe. Wir wollen nun auf einen Unterschied zwischen den Gruppen testen und formulieren die Hypothesen:

H_0: $\beta_1 = \beta_2 = ... = \beta_g$

gegen

H_1: mindestens ein β_j ist verschieden von β_k

D.h., obwohl das Modell analog zur zweifaktoriellen Varianzanalyse aufgebaut ist, untersuchen wir nur den Gruppeneffekt beim Test.

Im Beispiel verwenden wir die folgenden Daten: Es wurden 4 Personen mit einer Methode geschult, danach wurden die Fehlerpunkte in 4 Tests gemessen, die zu 4 verschiedenen Zeitpunkten stattfanden (v1, v2, v3 und v4) und die über die gesamte Schulung gemessen wurden (v1 zu Beginn und v4 am Ende). Damit stehen in jeder Zeile die Daten derselben Person zu 4 verschiedenen Zeitpunkten.

Hier sieht es zunächst so aus, dass beim zweiten Zeitpunkt mehr Fehlerpunkte vorhanden waren, die aber dann im Laufe der Zeit bei dieser Stichprobe weniger wurden. Es liegen sehr wenige Daten vor, womit ein exakter p-Wert angebracht wäre.

v1	v2	v3	v4
2	7	4	1
8	24	11	4
6	16	9	1
25	15	5	1

In SPSS wählen wir:

→*Analysieren* →*Nichtparametrische Tests* →*Alte Dialogfelder* → *k verbundene Stichproben*

Damit erhalten wir wieder ein Menü in einem Fenster. Hier muss man nun unter "Testvariablen" alle Variablen (v1 bis v4) auswählen.

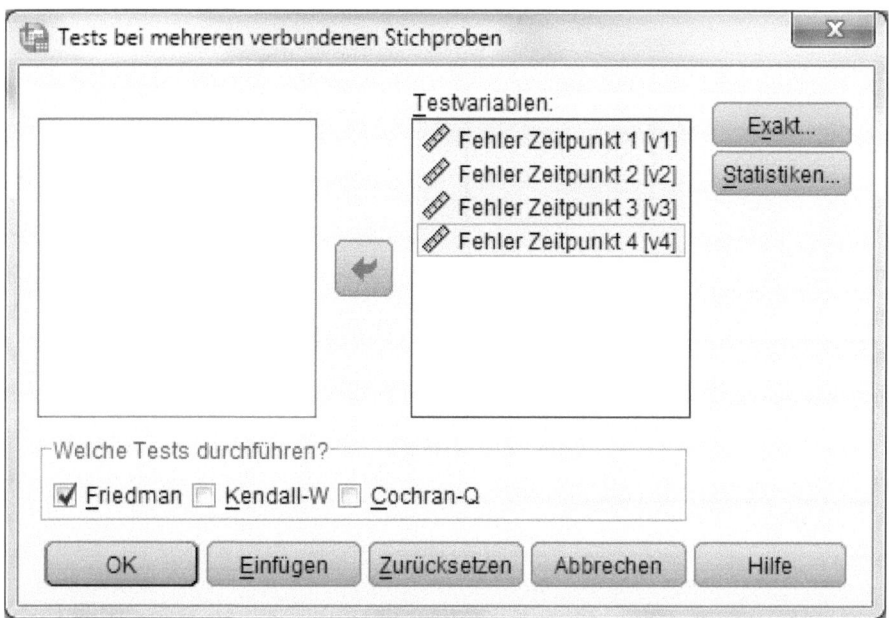

Nun können Sie →*OK* anklicken, womit Sie die Ausgabe erhalten.

Alternativ kann man auch →*Analysieren* →*Nichtparametrische Tests* →*Analysieren* →*Verbundene Stichproben* wählen. Hier muss dann unter der Rubrik Felder bei Testfelder alle Variablen v1 bis v4 wählen.

Bei Einstellung kann man „Tests anpassen" und hier unten „Friedmans zweifaktorielle ANOVA nach Rang" auswählen. Hier kann man dann auch noch "Post Hoc" paarweise Vergleiche der Gruppen durchführen lassen. Danach kann man →*Ausführen* wählen.

Ränge

	Mittlerer Rang
Fehler Zeitpunkt 1	2,50
Fehler Zeitpunkt 2	3,75
Fehler Zeitpunkt 3	2,75
Fehler Zeitpunkt 4	1,00

Teststatistiken[a]

H	4
Chi-Quadrat	9,300
df	3
Asymp. Sig.	,026

a. Friedman-Test

An dem p-Wert (oben sehen wir den asymptotischen p-Wert: 0,026) kann man sehen, dass auf einem Signifikanzniveau von 5% ein signifikanter Unterschied zwischen den Zeitpunkten besteht (H_0 kann bei einem Fehler 1.Art von $\alpha = 5\%$ verworfen werden, da p-Wert $\leq$ 5% = 0,05).

Man sieht auch, wie sich die mittleren Rangzahlen über die 4 Zeitpunkte verändern. Beim letzten Zeitpunkt ist der mittlere Rang am kleinsten (und gleich 1).

Da hier der Stichprobenumfang relativ klein ist, wurde im Fenster für diesen Test (siehe unten) noch →*Exakt* und dort der Punkt Exakt gewählt:

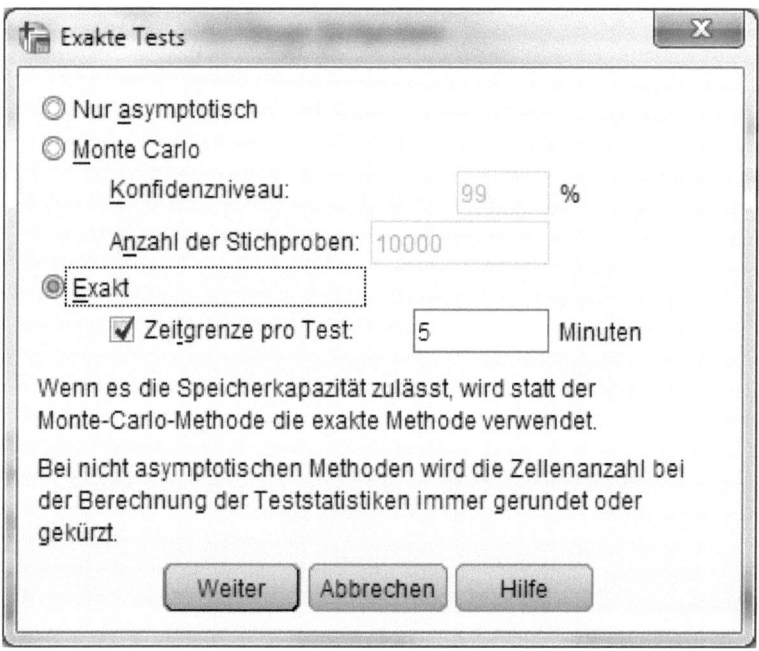

Dann erhält man auch den exakten p-Wert (0,012), mit dem man zur selben Entscheidung kommt:

Teststatistiken[a]

H	4
Chi-Quadrat	9,300
df	3
Asymp. Sig.	,026
Exakte Sig.	,012
Punktwahrscheinlichkeit	,005

a. Friedman-Test

Für mathematisch Interessierte:
Die Rangzahlen werden für jede Datenzeile x_{i1}, x_{i2}, ..., x_{ig} separat bestimmt. Im Folgenden sind r_{i1}, r_{i2}, ..., r_{ig} die Rangzahlen der i-ten Zeile. D.h. im Beispiel ist $r_{11} = 2$, $r_{12} = 4$, $r_{13} = 3$ und $r_{14} = 1$.

Wenn Bindungen auftreten, was in unserem Beispiel nicht der Fall ist (kein Wert kommt innerhalb einer Zeile doppelt vor), so müssen diese bei der Berechnung der Prüfgröße wieder berücksichtigt werden. Dazu benötigen wir diesmal pro Zeile eine Liste der Häufigkeiten des Auftretens der Beobachtungen. Es seien t_{i1}, t_{i2}, ..., t_{ik_i} die Häufigkeiten in der i-te Zeile.

Im Beispiel sind alle $t_{ij} = 1$ und $k_i = 4$ für $j = 1, 2, ..., k_i$ und $i = 1, 2, ..., n$. Würde man die erste Zeile modifizieren, z.B. $x_{11} = 2$, $x_{12} = 7$, $x_{13} = 1$ und $x_{14} = 1$, dann würden sich die Rangzahlen $r_{11} = 3$, $r_{12} = 4$, $r_{13} = 1{,}5$ und $r_{14} = 1{,}5$ für die erste Zeile ergeben. In diesem Fall wäre $t_{11} = 2$, $t_{12} = 1$, $t_{13} = 1$ und somit $k_1 = 3$ (siehe Kapitel 2.4).

Die Stichproben und die Rangzahlen:

	Teilstichprobe 1 (Rangzahl in Klammern)	Teilstichprobe 2 (Rangzahl in Klammern)	Teilstichprobe 3 (Rangzahl in Klammern)	Teilstichprobe 4 (Rangzahl in Klammern)
Beobachtung 1	2 (2)	7 (4)	4 (3)	1 (1)
Beobachtung 2	8 (2)	24 (4)	11 (3)	4 (1)
Beobachtung 3	6 (2)	16 (4)	9 (3)	1 (1)
Beobachtung 4	25 (4)	15 (3)	5 (2)	1 (1)
Rangsummen	10	15	11	4

Es sei r_j die Rangsumme der j-ten Spalte, also:

$$r_j = \sum_{i=1}^{n} r_{ij}$$

Im Beispiel ist $r_1 = 10$, $r_2 = 15$, $r_3 = 11$ und $r_4 = 4$.
Für den Mittelwert dieser Rangsummen gilt (dahinter sehen Sie den Wert im Beispiel):

$$\bar{r} = \frac{1}{g}\sum_{j=1}^{g} r_j = \frac{n(g+1)}{2} = 10$$

Treten keine Bindungen auf, so ist v die Prüfgröße:

$$v = \frac{12}{ng(g+1)}\sum_{j=1}^{g}(r_j - \bar{r})^2 = \frac{12}{ng(g+1)}\sum_{j=1}^{g} r_j^2 - 3n(g+1)$$

Im Beispiel ist $v = 9{,}3$.

Bei Bindungen wird die Prüfgröße wie folgt berechnet:

$$v^* = \frac{12\sum_{j=1}^{g}(r_j - \bar{r})^2}{ng(g+1) - \frac{1}{g-1}\sum_{i=1}^{n}\left(\left(\sum_{j=1}^{k_i} t_{ij}^3\right) - g\right)}$$

Wenn - wie im Beispiel - keine Bindungen auftreten, haben beide Prüfgrößen denselben Wert (d.h. hier gilt dann $v^* = v$).

Die Prüfgröße ist (unter H_0) eine Realisierung einer asymptotisch Chi-Quadrat-verteilten Zufallsvariablen mit g - 1 Freiheitsgraden. Die

Nullhypothese kann dann auf einem Signifikanzniveau von α beim asymptotischen Test verworfen werden, wenn:

$$\text{p-Wert} = 1 - F_{\chi^2_{g-1}}(v^*) \leq \alpha$$

Im Beispiel gilt: p-Wert ≈ 0,0256

Wir könnten hier die Nullhypothese auf einem Signifikanzniveau von 5% verwerfen (p-Wert ≤ 0,05) und somit einen signifikanter Unterschied zwischen den Teilstichproben nachweisen.

In Büchern wie z.B. in [3], [8] und [9] findet man Tabellen der exakten Verteilung für den Fall, dass keine Bindungen vorliegen. Wir wollen noch mal zum Schluss die exakte Verteilung (siehe erste Spalte) in unserem Beispiel in einer Tabelle ausgeben:

v	$P(V \leq v)$	$P(V = v)$	$P(V \geq v) = 1 - P(V < v)$
0	0,007595	0,007596	1
0,3	0,071832	0,064236	0,992405
0,6	0,099609	0,027778	0,928168
0,9	0,200304	0,100694	0,900391
1,2	0,246094	0,045790	0,799696
1,5	0,323351	0,077257	0,753906
1,8	0,351128	0,027778	0,676649
2,1	0,476128	0,125	0,648872
2,4	0,492405	0,016276	0,523872
2,7	0,567925	0,075521	0,507595
3,0	0,610749	0,042824	0,432075
3,3	0,645472	0,034722	0,389251
3,6	0,675854	0,030382	0,354528
3,9	0,758319	0,082465	0,324146
4,5	0,799986	0,041667	0,241681
4,8	0,810258	0,010272	0,200014

v	P(V ≤ v)	P(V = v)	P(V ≥ v) = 1 - P(V < v)
5,1	0,841508	0,03125	0,189742
5,4	0,858869	0,017361	0,158492
5,7	0,894748	0,035880	0,141131
6,0	0,905599	0,010851	0,105252
6,3	0,92296	0,017361	0,094401
6,6	0,932219	0,009259	0,077040
6,9	0,946108	0,013889	0,067781
7,2	0,948278	0,002170	0,053892
7,5	0,963614	0,015336	0,051722
7,8	0,967086	0,003472	0,036386
8,1	0,980975	0,013889	0,032914
8,4	0,985894	0,004919	0,019025
8,7	0,988498	0,002604	0,014106
9,3	0,993128	0,004630	0,011502
9,6	0,993779	0,000651	0,006872
9,9	0,997251	0,003472	0,006221
10,2	0,998409	0,001157	0,002749
10,8	0,99906	0,000651	0,001591
11,1	0,999928	0,000868	0,000940
12,0	1	0,000072	0,000072

Der exakte p-Wert beträgt: $P(V \geq 9{,}3) = 0{,}0115\ldots$

Mit diesem p-Wert könnten wir auch hier die Nullhypothese auf einem Signifikanzniveau von 5% verwerfen.

9 Literaturverzeichnis

[1] **Andersen**: Introduction to the Statistical Analysis of Categorial Data; Springer
[2] **Bosch**: Statistik Taschenbuch; Oldenbourg; 2. Auflage
[3] **Büning, Trenkler**: Nichtparametrische statistische Methoden; de Gruyter; 2. Auflage
[4] **Caspary, Wichmann**: Lineare Modelle; Oldenbourg
[5] **Fahrmeir, Hamerle, Tutz**: Multivariate statistische Verfahren; Walter de Gruyter; 2. Auflage
[6] **Forthofer, Lehnen**: Public Program Analysis; Lifetime Learning Publications; Belmont, California
[7] **Hartung, Elpelt**: Multivariate Verfahren; Oldenbourg Verlag; 4. Auflage
[8] **Hartung**: Statistik; Oldenbourg Verlag; 11. Auflage
[9] **Hollander, Wolfe**: Nonparametric Statistical Methods; Wiley
[10] **Marinell**: Multivariate Verfahren; Oldenbourg Verlag; 4. Auflage
[11] **Pruscha**: Angewandte Methoden der Mathematischen Statistik; B.G. Teubner, Stuttgart
[12] **Sanns, Schuchmann**: Datenanalyse mit Mathematica; Oldenbourg
[13] **Sanns, Schuchmann**: Lineare und loglineare Modelle in Psychologie und Sozialwissenschaften; Oldenbourg
[14] **Sanns, Schuchmann**: Mathematik mit Mathematica; Oldenbourg
[15] **Schuchmann , Sanns**: Statistik transparent mit SAS, SPSS, Mathematica; Oldenbourg
[16] **Schuchmann**: Probabilistische Testtheorie; Oldenbourg
[17] **Schuchmann, Sanns**: Datenmanagement mit MS Access, Oldenbourg
[18] **Schuchmann, Sanns**: Nichtparametrische Statistik mit Mathematica; Oldenbourg
[19] **Schuchmann, Sanns**: Statistik mit Mathematica; Oldenbourg Verlag
[20] **Searle**: Linear Models; John Wiley & Sons, Inc.
[21] **Werner**: Lineare Statistik – Allgemeines lineares Modell; Psychologische Verlagsunion